宁
波
文
化
丛
书

宁波文化丛书 第一辑

主编 何伟

奇构巧筑

宁波建筑文化

黄定福 著

宁波出版社

唤醒宁波的文化之魂

◎何　伟

（一）

中国的古城实在不少，若论我国沿海最早的文化古城，只要稍稍具备历史地理的眼光，都会聚焦宁波 —— 中国大陆海岸线的中点。

这座从远古走来的名城，河姆古渡的骨哨一吹就是七千年，展开了一幅幅风云际会的历史长卷。翻开谭其骧先生主编的《简明中国历史地图集》，不难发现宁波在我国沿海各大城市中的"早熟"：当宁波沐浴河姆渡的文明曙光时，我国海岸线上的先民基本还处于文明的空白处；当宁波先秦时期设县建制，广州还是邻近番禺的宁静村庄；当宁波唐代建州（相当于今天的地级市），已是"海外杂国，贾舶交至"的繁华城市，此时的上海还只是一个海滨渔村；宋代的宁波已是我国闻名国际的四大港口城市之一，天津还是名不见经传的一片滩涂；及至近代宁波作为"五口通商"被迫开埠，青岛、大连等城镇化才刚刚起步，更不必说改革开放后才崛起的深圳了。

如此"炫耀"的类比，无意仰己抑人。只想说明，以商城闻名的宁波，其实是隐身的文化重镇。其文化价值和地位，显然是被低估了。仅以中华文明源头之一的河姆渡为例：其制陶、稻谷和干栏式建筑的发现，修正了我国学术界总把黄河流域作为中华民族的唯一摇篮的定论，确认了长江流域是中华民族另一个发源地。其出土的代表海上活动的六支桨，印证了宁波先民是我国"海上丝绸之路"的先驱，为我国台湾和太平洋岛屿的文化作出历史性的贡献。澳大利亚悉尼市迪米蒙地电影制片公司在 20 世纪 80 年代拍摄了一部记录太平洋沿岸历史的影片，其序幕就是从河姆渡开篇的。

宁波文化矿藏的丰富性和不凡品质，还在于这里是海上丝绸之路的起源地之一，中国大运河的出海口之一，沿海城市中建城的起源地之一，金融史上我国钱庄的发源地之一，海运史上造船和航海的发源地之一……总之，宁波文化是整个中国文化经络中一个很关键的穴位。宁波的历史区域文化，犹如一座丰盈的藏书楼，在文化复兴的聚光灯下，亟须整理与传播。

宁波历史文化何其久也，宁波地域文化何其丰也，先贤前辈们已经为宁波开辟出了一块文化沃土。每念及此，作为祖籍宁波、生活于宁波的我，不禁对家乡深厚的文化遗产肃然起敬。可是，在今天追赶现代化国际港口城市的目标时，有多少宁波人还记得曾经的灿烂？又有多少人了解宁波往昔的辉煌？

（二）

区域文化研究的兴盛和传承，是近年来国内学界的独特景观，既得益于文化的复兴，又受到区域发展竞争的推动。齐鲁文化，燕赵文化，三晋文化，巴蜀文化，吴越文化，荆楚文化，岭南文化，等等，不一而足。这股热潮也波及作为吴越文化分支之一的宁波文化。

某种文明的价值观、思维方式和风俗习惯等，根本上是由地缘自然条件所决定的。文明所处的地缘环境与精神性格之间有着必然的因果关系。法国历史学家布罗代尔认为，影响一个文明的精神气质最根本的因素，是地理条件和自然环境，换成老百姓的说法，就是"一方水土养一方人"。

宁波地处东海之滨，三面环山，潮汐出没的宁绍平原居中，多类型地貌孕育出姚江、奉化江、甬江流贯其中，江河湖海点缀其间，构成了宁波"经原纬隰，枕山臂江"的地理特征。"南通闽广，东接倭人，北距高丽，商舶往来，物货丰溢。"（宝庆《四明志》）"自宋以来，礼俗日盛，家诗户书，科第相继，间占首选，衣冠人物甲于东南。"（成化《宁波府志》）

文化早熟的宁波好比一个内敛聪慧的智者，有外貌形象，有性格气质，也有个性脾气。发源于四明，耸立于三江，兼得中西交汇之利，倚其7000年的文明发展，塑造了一整套属于自己的优秀文化符号、习俗和精神，说得洪亮一点，叫作"宁波文明"。

每一个城市都有自己的来龙去脉，每一座城市都有独特的文化符号。宁波的文化特质，如果要用极精简的字词来表达，就是"江海"和"商贾"。水路交通和商帮文化是阅读宁波风云际会悠长岁月的两个关键词。伸展开来，从类型看，有海洋文化、农耕文化、港口文化、海防文化；从特质看，有商帮文化、耕读文化、工匠文化、饮食文化；从思想看，有浙东文化、佛教文化；从文人看，名儒硕彦，人文荟萃，有南宋的心学先贤"甬上四先生"，有先生之风山高水长的严子陵、知行合一的心学大师王阳明、开启日本明治维新的导师朱舜水、工商皆本的民本思想家黄宗羲……正可谓千年古城，百年风云，几度沉浮，气血不衰，乃文化之力也。

（三）

一座城市的持久吸引力，不在林立高楼，而在文化气质。让城市站立不衰的,是文化"软实力"。表面上看,决定城市差异的是经济,骨子里是文化。今观神州,仰赖房地产狂奔的造城运动,流水线般建造的排排高楼大厦取代古城旧貌,割断了多少城市的历史脉络,推平了多少地域审美特征,埋葬了多少丰厚的历史记忆,已经无法计算。宁波籍文化大家冯骥才先生认为,我们中国历史悠久,民族众多,地域多样,每个城市都有独特和鲜明的城市形象。可惜,现在我们660个风情各异的城市形象基本都消失了,即使有,也支离破碎,残缺不全,很难再呈现出一个整体的城市形象。眼下,追名逐利遗失了文化,随波逐流遗忘了故乡,身在故乡而不知故乡何在。

物欲越是膨胀,文化越是珍贵。宁波人之所以成为宁波人,并不是因为出生在宁波,而是身上承载着宁波的文化符号和基因。这些由宁波的风俗、语言和信仰因素组成的"宁波腔调",以及地缘、血缘关系组成的坐标系,会让人们知道自己是谁、从哪里来。不论你身处世界何地,只要据此便可找到家乡,认祖归宗。如果遗失了宁波文化,即使站在这片土地上,也很难再是宁波人。令人忧心的是,在现代化城市化的急切步伐下,本土历史文化面临诸多存亡考验。公路毁了,可以修复;房屋塌了,可以重建;文化遗产一旦"消失",如同绝迹的物种,没了,就永远没了。现代人精神家园的迷失和情感归属的危机,成为一种流行国际的精神疾病,正是文化除根后流离失所的后遗症。

今天的宁波缺什么?不少人感叹缺文化,我看来,表述不很准确。宁波并不缺少文化,缺的恐怕是对丰厚文化的记忆和传承。"文之无书,行之不远",作为文化工作者,作为宁波人,我们深恐随着时间的推移,宝贵的精神财富因文字的阙如而流失,随着记忆的衰退而归零。把文化摆在什么位置,不仅仅取决于政府,更取决于每一个厕身其间的市民的态度。文化是城市之魂,是我们这座城市安身立命的基座。唤醒城市记忆的味道和画面,保护并标出宁波的文化风景线，绘制文化地图延续文脉，亟须一套权威、全面、通俗的文化读物。本丛书的出版和传播，即是努力之一。

（四）

本丛书的编纂，虽非规模浩大的文化工程，却颇费周折，几起几落，幸得宁波文化事业基金委员会慧眼识珠，忝列扶持项目，又得宁波市委副书记余红艺及市委宣传部等部门的鼎力支持，宁波出版社调集精干，组织本地学界文化精英，殚精竭虑，撰写这套丛书。

自 2012 年始，编纂委员会成立并确定了丛书的编纂大纲，专家们从宁波地理文化和历史文化的坐标中，尽可能筛选出具有鲜明特色和传承价值的内容作为首批选题。第一辑八种，选题侧重反映对宁波发展最具影响力、最具代表性的八个方面地方特色文化。计划此后逐年推出各类文化系列，集腋成裘，奉献出宁波文化的"满汉全席"。

丛书着力点不在学术钻研和考证，而在文化的普及和传播，定位在文化"小吃"，充其量是宁波文化史的通俗版、系列专题篇，绝非贯通一气的皇皇巨著。丛书力求编排图文并茂，文字通俗易懂，集知识性与文学性、学术性与普及性于一体，雅俗共赏，老少皆宜，为大众提供一张文化寻根的导游图，以及一杯安顿旅者心境的下午茶。于闹市中拾取一份宁静，于纷繁中理出一片安详，于浮尘中闻到一缕书香，于物欲中寻得精神的家园。

2014 年夏写于水岸居

（本文作者为宁波日报报业集团党委书记、董事长）

目录

奇构巧筑——宁波建筑文化

筑以思想 营于和谐

宁波建筑文化综述

建筑是历史的反映。

历史文化名城宁波历史悠久、文脉悠远，是中国大运河南端出海口，也是"海上丝绸之路"的起点之一。7000多年前，"河姆渡文化"在此发祥。春秋时，勾践建句章城以彰霸功。秦统一六国，始置鄞、鄮、句章、余姚四县，隶属会稽郡。唐代，建明州，于三江口建州城，奠定宁波城发展的基础，明州成为中国四大港口之一。两宋，明州与广州、泉州同列为对外贸易三大港口重镇，经济、文化取得空前发展。明初，取"海定则波宁"之意，改明州府为宁波府，从此，"宁波"之名沿用至今。明清以降，海疆动荡，在社会动乱的间隙，宁波发展的步伐依然坚定向前，"宁波商帮"崛起，浙东学术发展，宁波的经济、文化再次走向鼎盛。鸦片战争的炮火打破盛世的美梦，宁波被强辟为"五大通商口岸"之一，被迫向世界开放，江北岸被划为商埠区和外国人通商居留地。20世纪初，外人居留地逐渐变成五方杂处的洋场，形成了别具特色的宁波外滩……

在这幅时而涓涓细流，时而荡气回肠，时而波澜壮阔的历史画卷中，反映着"时代和地方的多方面的生活状况，政治和经济制度"（梁思成语）的宁波建筑，亦取得了辉煌的成就。7000年前河姆渡的干栏式建筑，唐代的天宁寺塔和它山堰，宋代的保国寺大殿，元朝的永丰库，明代的天一阁，清代的林宅和庆安会馆，等等，回望历史，每个时期都有优秀的建筑遗迹存在，让我们可以借助一石一瓦，一柱一窗，触碰历史的脉络。站在历史的长河中阅读宁波的历史建筑遗存，它们不再是一个个孤零零的实例，而是一部生动的历史故事，一幅完整的、各部分相互关联的画卷。远古的河姆渡，古代的海曙，近代的江北岸，宁波的建筑文化在不间断的传承和发展中，创造了具有宁波地域特色的绚丽多彩的历史。

图① 河姆渡干栏式建筑复原图

一、宁波建筑的历史

（一）宁波的古代建筑

宁波古代建筑的类型齐全，有原始建筑遗址、城市公共建筑、水利及桥梁建筑、宗教建筑、藏书楼建筑、名人故居以及众多的民居等。

据考古发掘，距今六七千年前，宁波的先民们已知使用榫卯构筑木架房屋（如河姆渡遗址的干栏式建筑），原始聚落中，居住区、墓葬区、制陶场等，分区明确，布局有致。木构架的形制已经出现，房屋平面形式也因造做与功用不同而有圆形、方形、吕字形等。这是宁波古建筑的草创阶段。自河姆渡文化后期开始，这种曾对我国古代建筑史产生重大影响的干栏式建筑，随着社会生产力的发展，在宁波一带逐渐形成了另一种具有封建社会传统的地面房屋建筑。凡此种种，说明当时长江流域的木构建筑技术已明显高于黄河流域，达到了相当高的水平。因为有河姆渡文化那样久远而深厚的木构建筑历史渊源，促进了后期穿斗式结构的出现，并直接启示了楼阁的发明，导致二层乃至多层楼房的形成，才有中国古典建筑木结构技术的辉煌成就。

秦、汉五百年间，由于国家统一，国力富强，中国古建筑在自己的历史上出现了第一次发展高潮。住宅、园林、别墅、城墙等建筑快速发展，出现了寺院建筑。其结构主体的木构架已趋于成熟，重要建筑物上普遍使用斗栱。屋顶形式多样化，庑殿、歇山、悬山、攒尖顶均已出现，有的被广泛采用，制砖及砖石结构和拱券结构有了新的发展。宁波有一些汉代的古墓葬，考古发掘出来的随葬品有许多是当时建筑物的模型明器，可惜地面上的建筑物没有遗存。

两晋、南北朝是中国历史上一次民族大融合时期，此期间，传统建筑持续发展，并有佛教建筑传入。东汉时传入中国的佛教此时发展起来，南北政权广建佛寺，一时间佛教寺塔盛行。据《鄞县通志》载，三国时吴赤乌二年（239年），句章（宁波）人东吴太子太傅阚泽舍宅为寺，建造了宁波历史上第一座寺院普济寺（遗址在今慈湖中学）。明《重修普济禅寺碑记》中说："……（普济寺）中列浮屠。"浮屠即为塔，该塔是宁波历史上有记载的第一座佛塔。西晋太康三年（282年），宁波阿育王寺始创。阿育王寺珍藏着释迦牟尼的真身舍利，其中舍利宝塔是中国最小的古塔，弥足珍贵。宁波天童寺，始建于西晋永康元年（300年），现存建筑大都为明崇祯年间重建。

　　东汉至六朝的地面建筑已不见实例,从宁波地区古代墓葬出土的明器陶屋、人物楼阙罐,以及零星的文献记载,形象地再现了当时的建筑形态,包括单体、院落等。当时的宁波民居平面为方形、长方形或日字形。屋门开在房屋一面的当中,或偏在一旁。房屋的构造除少数用承重墙结构外,大多数采用木构架结构,其木构架技术已日渐完善,抬梁式和穿斗式都已发展成熟。多层楼阁已大量增加。早期墙壁用夯土筑造,后期用条砖砌叠。屋顶已使用筒瓦或瓦当,多采用悬山式顶、庑殿顶、攒尖顶和歇山顶。

　　概括地说,这一时期的建筑风格,最初是茁壮、粗犷,尚带稚气,到后期,已呈现雄浑而带巧丽、刚健而带柔和的倾向,这是宁波一带建筑风格在逐步形成的历史过程中生气勃勃的发展阶段,显现出这一地区、这一时期的文化特色和社会进步。

　　隋、唐时期的建筑,既继承了前代成就,又融合了外来影响,形成为一个独立而完整的建筑体系,把中国古代建筑推到了成熟阶段,并影响于朝鲜、日本。在宁波有唐天封塔、唐天宁寺塔、它山堰以及1984年迁入保国寺的两座唐代经幢等遗存。其中的唐天宁寺塔是我国江南地区现存原体保存最完整的唯一一座唐代密檐式砖塔,也是我国现存寺前双塔形制早期的实

例之一。

宁波地区自唐代开始,随着港口城市明州的建设,修筑了不少水利工程,最为著名的,是被誉为中国古代四大水利工程之一的它山堰。它山堰建筑是明州港城市发展、供水极为重要的保证,至今仍发挥着重要作用。

唐代普济寺经幢建筑,是浙江省内体量最大,年代最早的一座经幢。从该建筑可知唐代开成四年时的建筑形制与规格。

北宋崇宁二年(1103年),朝廷颁布并刊行了《营造法式》。这是一部有关建筑设计和施工的规范书,是一部完善的建筑技术专书。颁刊的目的是为了加强对宫殿、寺庙、官署、府第等官式建筑的管理。这部书的颁行,反映出中国古代建筑到了宋代,在工程技术与施工管理方面已达到了一个新的历史水平,在世界建筑史上具有独特的地位。建于北宋大中祥符六年(1013年)的宁波保国寺大殿,是现存保存完整的江南最早的木构建筑。经过有关专家对保国寺大殿进行的各种测量和长期研究,可知《营造法式》中所阐述的建筑理论、建筑标准,与保国寺大殿的结构相吻合。可见,实践早于理论。浙江省被列为第一批全国重点文物保护单位的只有3个,全国也只有80多个,保国寺就是其中之一。可见,它在中国建筑史上重要的独特地位。

我国的牌坊在南宋前均为木制牌坊,宁波鄞州区横省村南宋绍兴二年(1132年)石牌坊(全国重点文物保护单位)为南宋典型的仿木结构坊,该牌坊不但具有木牌坊的特点,而且过渡到石制的面貌特征明显,为我们了解、鉴定南宋石牌坊提供了第一手实物资料。

在宁波地区,宋代的桥梁建筑典型是宁海县的西岙石拱桥。它们科学性的构筑,为我们研究浙东桥梁建筑工艺提供了实物例证。

宁海西岙石拱桥由惠德桥、祠堂桥和寺前桥组成,三桥东西走向,同跨一溪,均为单孔石拱桥。这类古老的石拱桥,其形制、拱券特点,为浙江省内仅见,颇为珍贵。

元、明、清三朝统治中国达六百多年,元朝留下来的建筑很少,因为元朝只有近一百年的历史。2002年在对位于鼓楼旁的子城遗址地块进行开发考古时,发现了大型的元朝建筑遗址。专家鉴定后认为,该建筑遗址是元代仓库永丰库遗址,是迄今国内发现的最大元代单体建筑遗址,在全国城市中是绝无仅有的,填补了我国元代文物考古的一项空白。元代永丰库遗址的发现被评为2002年全国十大考古新发现之一。其他元代建筑硕果仅存的有阿育王西塔和奉化广济桥等。

明代建筑在宁波有一定的数量。最有名的要数天一阁。天一阁藏书楼,所谓"天一地六",是很独特的宁波建筑,是国内现存最古老的私家藏书楼,已有400多年的历史;最典型的要数宁波慈城的明代建筑群,以甲第世家、大耐堂等明代建筑为主;月湖大方岳第的大厅,气势之高大,气魄之宏伟,在宁波屈指可数;范宅是宁波市现存规模最大的保存最完整的明代住宅建筑,建筑结构规矩谨严,用材粗壮,结构简练。

清代建筑就更多了。宁波的清代建筑,普遍用材不大,比较注重装饰。例如林宅,纵向三进,由多条轴线及备弄组成,规模

很大，整个布局不拘一格。它们的特征是：较多运用勾连搭牵梁架结构，瓜柱瘦高，下部也呈鹰嘴状，有的做成荷叶墩式；轩廊月梁一般刻有花纹；柱子呈圆柱形，有的采用"包镶法"；柱础呈鼓形或显得瘦高的毡帽形。到了清晚期，结构有些过于繁琐，木雕、石雕、砖雕精美，廊轩的"轩"，跨度小，制作精美、繁复，轩梁、花篮及雀替上均布满雕刻。斗栱的比例相对缩小，平身科一般置于金檩枋上，仅起装饰作用。在有些建筑中还出现了雕刻精致的斗栱，给人一种雕镂琐细、繁缛柔靡之感。

其他还有全国重点文物保护单位天童禅寺、阿育王寺、宁海古戏台、江东庆安会馆等，它们都是宁波古代建筑的典型。

以阿育王命名的阿育王寺，是全国著名的寺院之一，建筑从布局到营建都十分壮观。寺院占地面积 12.4 万平方米，建筑面积 2.34 万平方米。阿育王寺从宋代开始，就是东亚文化圈中一座著名的古刹，尤其与日本的佛教文化交往甚为密切。

江南名寺天童禅寺亦是全国名寺之一，建筑群不但规模大，而且营建讲究，占地面积达 7.64 万平方米。天童禅寺从宋代开始，不仅是东亚佛教输出的发源地，而且也是建筑文化输出的一个重要源头。日本佛教的临济宗、曹洞宗都奉天童禅寺为祖庭，并仿天童禅寺建筑格局建造了大量禅宗寺院，如日本曹洞

图⑤　天一阁藏书楼

图⑥　依照明州天童寺格局建造的日本永平寺佛典，1902 年改建

宗大本山永平寺就是按宋时明州天童寺的格局建造，呈禅宗寺院布局，故有"小天童"之称。

自成体系的中国木构架建筑，曾对周边国家的建筑文化产生过深远的影响。唐宋时期，日本、高丽等国派工匠来中国学习木构架的营造技术，而我国也有许多能工巧匠应邀漂洋过海到日本、高丽等地建造寺院、园林。宁波作为对外贸易、文化交流的重要交通口岸，在建筑文化的传播中发挥过重要的作用。如日本高僧重源自南宋乾道四年（1168年）始先后三次来中国，学习佛学和中国的书法等传统文化，在驻锡阿育王寺期间，曾从日本运来大批木材帮助阿育王寺建造舍利殿，并从中学到了施工技艺，回国时又从明州等地邀请大批木匠，在日本重建了著名的东大寺；另一名学问僧荣西在天童寺学禅时曾帮助建筑天童寺千佛阁，从中边学习边实践，学到了丰富的建筑营造技术，后在日本京都、镰仓等地建造了一批具有中国传统风格的著名寺院，使中国传统的建筑文化在日本进一步传播扩大。清初，著名学者朱舜水抗清失败后流亡日本，随带了有关江南园林的造园手法、风格方面的书籍、资料，并在东京设计建筑了后乐园。

中国的传统建筑文化在对周边国家的建筑风格、城市风貌产生深远影响的同时，也吸收了他国的文化营养，并融合在自身的传统之中。如随着佛教的传入，随之而来的塔、寺等建筑的建造，使我国古建筑的形式更加丰富多彩。古代宁波作为"海上丝绸之路"的启航地之一，东南沿海重要的对外贸易港口城市，外来文化的影响在本地建筑文化中亦有显明的体现，天后宫、月湖清真寺等古建筑即是明证。这一影响到近代更产生前所未有的力量，使宁波的建筑文化呈现新的历史风貌。

（二）宁波的近代建筑

1842 年鸦片战争后，清政府屈服于英国侵略者的武力，签订了丧权辱国的《南京条约》，次年又签订了《五口通商章程》。自此，宁波港作为第一批通商口岸，被迫向西方列强开放。根据有关条约规定，"夷酋罗伯聘于道光二十三年十月二十八日乘坐大小火轮各一只，夷兵船一只，驶至宁波港 …… 即于是日（道光二十三年十一月十二日，即 1844 年元旦）邀请在城文武，眼同开市 ……"[1] 宁波港正式开埠。随后，英法美等 12 国在江北岸外滩一带设了领事。

开埠之初，前来宁波贸易的国家有英、法、美、德、俄、西班牙、葡萄牙、瑞典、挪威、荷兰等国。按照当时的规定，"五港开辟之后，其英商（包括其他外商）贸易之所，只准在五港口，不准赴他处港口，也不准华民在他处港口串通私相贸易"[2]。因此，英国和西方各国在宁波建立据点，以便控制宁波港的对外贸易和经济命脉。1850 年，他们在宁波江北岸一带强行圈划一大片土地，作为"外国人居留地和商埠区"，以后这里逐步变成西方列强控制宁波港的桥头堡。据英领事馆存档记载，按照侵略者最初的打算，他们想把镇海和鄞县东南乡一带纳入"租界"，范围

[1] 《筹办夷务始末》道光朝，卷六九。
[2] 王铁崖：《中外旧约章汇编》第 1 卷。

"东至沿江两岸之地，南至城厢以外直至东钱湖，西至半浦、梁山伯庙，北至镇海口"[1]。由于宁波人民的坚决反对，这一阴谋没有得逞。

西方轮船运来的是宁波现代城市的雏形。开埠后，外国商人在宁波纷纷设立洋行，江北岸外人居留地先后建起了各国的领事馆、银行、教堂、海关、巡捕房等西洋建筑，逐渐发展成为五方杂处的洋场。比如宁波的第一条水泥马路在江北岸贯通，并在外滩最早设置路灯；宁波第一高楼最先矗立于甬江北岸，那就是中国通商银行设在宁波的营业大楼；宁波市第一家电话股份有限公司成立在江北岸；宁波第一座火车站建在江北岸，这座由民间资本建造的国办火车站，是萧甬线上较早的客货运双栖火车站，宁波境内段西起马渚站，东至老宁波站（现大庆路即为原火车铁路线），1914年通车营业。抗日战争开始后，为阻止日军进攻，铁路被奉命拆毁。因为这段铁路的存在，宁波在近代史上一度成为浙东地区的交通枢纽，逐渐由一个封建城市转变为近代城市，成为浙东地区主要的商业中心之一，宁波城也逐渐形成了古城与商埠区南北布局的格局。外滩一带建筑风格呈现

[1] 王尔敏：《宁波口岸渊源及其近代商埠地带之形成》，中央研究院近代史研究所，《中央研究院近代史研究所集刊》，第 2 期。

中西合璧的特征,生活方式混杂着东方的韵致和西方的浪漫,这里逐步成为一种新兴生活方式的集散地,形成了有别于传统中国社会的文化现象,是近代宁波港口城市的缩影。

宁波近代城市与建筑的发展,不同于上海、天津、武汉等中国近代主流城市,有着相对完整的租界区以及周密的城市规划,也不像哈尔滨、大连、青岛等中国近代租借地与铁路附属地城市,是按当时西方国家流行的城市规划模式来进行城市建设的。宁波的建筑活动基本上受到周边城市(主要是上海)的影响。但宁波的近代建筑并没有一味地模仿西方建筑,在中西建筑文化相融合的层面上,可以说表现得更为灵活和自由,更具有民间的创造性,从而表现出其特有的建筑风格。

宁波近代建筑的发展从兴起、全盛到衰弱,大致可划分为四个阶段。

1. 宁波近代建筑发展第一阶段(1842年之前)

据《鄞县通志》记载,宁波最早出现的近代建筑为清顺治五年(1648年)意大利传教士卫济泰所建的天主堂(址不详),还有法国耶稣教传教士郭中传于清康熙四十年(1701年)建造的药行街小教堂和住宅等,惜俱毁。这是宁波近代建筑的滥觞期。

2. 宁波近代建筑发展第二阶段(1840年至1895年)

这个时期是宁波近代建筑发展的初期,中国开始由传统农业社会转入近代工业社会,出现了近代的建筑类型、建筑技术和建筑形式,但是这种转变不是中国社会发展自然孕育的结果,而是因帝国主义入侵产生的突变性质的被动转变。作为最早开放的通商口岸之一的宁波,在这个时期逐渐形成了独立于传统城区的,以外国人居留地为原点的城市新区,即三江口老外滩。1844年1月1日宁波开埠后,具有外来建筑文化特点的近代建筑蓬勃发展。英、法、美等国在宁波建造了领事馆,天主教建造了教堂和教会学校,还有各种市政管理办事机构,如浙海关、巡

捕房等。这些建筑的建造者以外国人为主,其设计师也为外侨或外国工程师。从外形、平面布局,到内部结构、装饰,基本上为西式或西方殖民地式。这些早期的近代建筑大多沿甬江西岸(即现外马路一带)而建,建筑物均坐西朝东,面朝甬江,建筑与江岸之间留出30多米的空地,以便起卸船上货物,并容民船纤夫通行。

这些建筑一点一点地改变了宁波江北岸外滩的面貌,使宁波逐渐成为一个具有西方色彩的中国城市。但宁波传统的建筑体系并未有大的改变。早期近代建筑留存至今的主要有:1861年始建的浙海关、1864年建的江北巡捕房、1872年建的江北天主堂及其1899年增建的钟楼、1879年建的太古洋行、1880年建的大英领事馆等。

3. 近代建筑发展第三阶段(1895年至1937年)

在中外文化交流过程中,近代建筑发展迎来了第三阶段,它的主要特点是,外来的建筑艺术与自身传统相接触,两者之间由并存继而相互影响。由于不同阶层人士对待传统及西方的态度的差异,在建筑创作上表现为各种融合手法的不同,丰富了宁波

近代建筑；同时，外来的建筑新材料、新结构、新的施工技术和设备也逐渐传入。1911年辛亥革命后，许多在西方国家学习的中国建筑师、工程师及建筑商人纷纷回国设立建筑设计所、建筑营造厂。他们将西方建筑中的优点和当地传统建筑风格结合起来，建造了一批近代公共建筑、洋房和民居住宅等，建筑风格有西方古典主义的、折衷主义的、中西合璧的，或传统木构架加上西式装饰。

由于江北外马路一带主要被西方列强所侵占，1900年以后，除极少数资本雄厚的大资本家在外滩有所建筑外，其他均往江北岸的腹地方向建造房产，如今天的新马路、中马路、人民路以西地区。

这一阶段的主要建筑有侵华日军水上司令部旧址、中国银行宁波分行旧址、宁波邮政局旧址、中国通商银行宁波分行旧址等公共建筑，以及一批石库门建筑群。

侵华日军水上司令部旧址原为谢恒昌私宅，建于1905年。该建筑系水泥砖砌三层楼房，采用西洋式建筑风格，装饰上有中国传统的吉祥图案，如"五蝠捧寿"及"连升三级"等。各房间内设有西式壁炉吊灯，颇显气派。宁波沦陷后，该房被侵华日军占领，不久辟为"水上司令部"，并附设检查站。

中国银行宁波分行旧址。据1934年浙江兴业银行调查报告记载：全国商业资本以上海居首位，上海商业资本以银行居首位，银行资本以宁波人居首位。中国银行成立于1912年，它接管大清银行业务，成为国家银行。总行设在上海，资本六千万元。

宁波邮政局旧址，建于1927年，位于中马路172号。面阔五间，两层楼房，采用青砖、红砖相结合的砌筑手法，其外廊为连拱券结构，颇具西式建筑风格。宁波邮政始于清光绪四年（1878年）。光绪二十三年（1897年），宁波邮界邮政局成立。宣统二年（1910年），以省为邮界，设邮政总局，宁波为副邮界副总局。辛亥革命后，大清邮政改称中华邮政。1914年1月，宁波邮政分局改为鄞县一等邮局。1927年，鄞县一等邮局改为宁波一等邮局。1931年，复改为鄞县邮局。1947年迁至车站路122号新局房。

中国通商银行宁波分行旧址，始建于1930年，位于外马路29号，分东西两部分，主楼为五层楼。西部全是三层单檐楼房，中间有走廊。其正门黑色大理石贴饰的挂面呈宝塔形，庄严肃

图⑪ 中国通商银行宁波分行旧址

图⑩ 宁波邮政局旧址

穆,第二道门面装饰均采用白色大理石。内部顶及四周壁围以石膏装饰,具有外来建筑文化特色。清光绪二十三年(1897年),宁波旅沪人士在上海发起成立中国历史上第一家银行中国通商银行,1921年在宁波设分行。此建筑即为后来宁波分行行址。

4.近代建筑发展第四阶段(1937年至1949年)

1937年抗日战争爆发,日寇入侵,使正在蓬勃发展的中国近代建筑突然中止,从此中国近代建筑进入凋零期,许多城市与建筑遭受战争破坏,整体上建筑活动停滞。1945年抗战胜利后,爆发全面内战,建筑活动凋零的状况就一直延续到1949年。宁波在此时期,虽有少量的建筑活动,但比起战争造成的破坏来说是微不足道的,那个时期的建筑现今也几乎湮灭无迹了。

纵观宁波现存的近代优秀建筑,它们是近代宁波历史发展的实物见证,它们的形成是帝国主义列强侵略的产物,但作为建筑本身,又凝聚着广大民众的智慧,其所塑造的精美艺术,体现了中西文化的交融,无疑是名城文化中一份珍贵的遗产。

二、宁波建筑的人文内涵

建筑是一个时代一个地方文化的重要代表。文化影响建筑的风格,从建筑亦可以见到某时某地文化的具体内容。宁波地处浙东宁绍平原的东部,近临东海,东与舟山群岛隔海相望,北濒杭州湾,南与台州相连,境内有四明山和天台山两支主要山脉,余姚江、奉化江、甬江自成一系。独特的自然环境条件形成了具有宁波地域特色的文化,宁波的传统文化是士和商的糅合,宁波士族,以耕读传家;宁波大贾,以商业扬世。这是宁波建筑的文化基础。总结起来看,宁波建筑所蕴含的人文内涵大概可以归纳为这样几个方面:

图⑫ 秦氏支祠祠堂

（一）聚族而居，讲究风水

浙东地区的传统村落是一种典型的血缘宗族相聚而居的聚居地，即"聚族而居"，尊礼、循礼的观念直接反映在民居建筑中。宗法社会的最主要表征之一是祠堂体系。宁波祠堂一般采用严格的轴线对称布局，院落空间由数进建筑构成，一般包括大门、仪门、正厅、后寝等，后寝为安放祖先牌位和悬挂祖先画像之所，正是清初宁波籍经学家万斯大在《学礼置疑·宗法》中所云"统族人以奉祀也，祭已往之祖，而收见在之族"之意。宁波地区保留了较为完善的祠堂特征建筑及与此相关的一套完整伦理体系，如海曙区秦氏支祠、余姚泗门谢氏始祖祠堂和慈溪孙家境祠堂等建筑。市级历史文化名村韩岭村，数姓氏共居，百户以上的主姓氏，各建祠堂和堂前，其他各姓氏在10户以上者，可以各建堂前；其余未定居的杂姓氏，加入"聚姓会"后也可建堂前。现村中依然留有金氏大宗祠、孙氏思本堂、郑氏崇德堂、孔家堂前、凌家堂前、周家堂前等，显示出聚族而居的家族文化的痕迹。

在影响宁波建筑文化发展的诸多观念中，"天人合一"的风水观念是根本性的，强调建筑与人不可分割的紧密相联关系，注重以追求天人协调为宗旨的建筑理念。宁波传统民居的布局，讲究主次和主从、层次和序列的关系，注重风水习俗，基本都体现了"天人合一"的居住理念，并且是由主人的社会地位、经济实力、个性爱好、家庭成员结构、习俗信仰和生产生活方式所决定的。

宁波地区许多古村落的选址，也十分讲究"天人合一"的风水理念，认为风水好坏关系到村落及宗族的兴衰。"卜其兆宅者，卜其地之美恶也，地之美者，则神灵安，子孙昌盛，若培植其根而枝叶茂。"这与风水理论所强调的人与环境间的相互作用，求得与天地和自然万物的和谐，以达到趋吉避凶的目的基本是一致的。民居是村落最主要的构成因素，民居的朝向、形式、布局及相互关系几乎都受到风水观念的影响。在宁波民居中，风水的趋吉避凶处理手法，主要表现在迎合、避让、符镇等方面。绝大多数传统住宅都呈规则方正的合院布局，少有不规整的宅基，迎合了风水中"屋式要四周端正整齐，不可尖偏斜"之说。门在风水中具有特殊的精神意义，一般门朝东则意味紫气东来，取吉祥之意。

宁波的建筑基本为坐北朝南或坐西朝东的朝向。从文化背景看，民居朝向与"向明而治"的思想有关。《周易·说卦》中说："圣人南面而听天下，向明而治。"孔子在《论语·雍也》中也说："雍也可使南面。""向明而治"实际上是"向阳而治"。这是我国古代特有的"面南文化"。因为，阳光大多数时间从南面而来，人们的生产、生活又以直接获得充足的阳光为前提。这样就决定了人们采光必然是向南朝向。时间一长，就形成了"面南而居"的风水观念。

（二）因地制宜，院落空间富有特色

建造一幢房屋相对来说容易，而打造一个环境设施优越的生活社区就不是一件容易的事情，需要长期不断的资金投入和建设，甚至几代人的不断努力。建造时不墨守成规，善于根据不同情况，采用灵活多变的手法处理整体布局与建筑设计中的各种复杂问题，从而表现出很强的随机性。

宅基地方正的，建筑平面结构自然好安排，但实际上由于各种原因，地基往往弯斜不规则，这就需要在实际建造过程中因地制宜，周密规划。如月湖西区的延寿堂，地形非常不规则，由于主人布局得当，让人感到非常精致。惠政巷民宅，地基呈梯形状，还有转折，主人合理安排了各建筑之间的关系，使人感到别有特色。莲桥街胡宅，地基狭长，经过主人精心布置，充分利用地形，院落有机组合，结构令人叹服。在江北外滩有一些近代建筑是沿马路而建，为了适应原本就在的马路，许多临街的建筑物随马路弯曲而弯曲，以适应不同区域的环境特点，以保持整条大街的协调性。

建筑材料也因地制宜，就地取材，例如宁海许家山等山村，大量采用当地石头构筑墙体，被称为"石头村"。

院落空间富有特色，其形制是将四周的房屋联结在一起，中间围成一个天井。宁波地区建筑的院落空间具有如下特点：一是"天井"式建筑平面布局。其产生与江南的地理环境和气候特点有很大关系。江南地区人口稠密，多丘陵，耕地少，因而建房屋宅院时尽可能节约用地，三面或四面都要建房屋。同时由于夏季湿热，冬季阴寒，由三面或四面两层房屋围合成一个高而窄的天井，这种设计有利于内外空气对流，并有冬暖夏凉的效果。二是四水归堂。天井起着排除房宅内污浊空气、室内采光和聚集雨水再通过地沟排水的作用。下雨排水，在形式上通过屋面，实际是地面聚集排放，蕴含了"四水归堂、肥水不外流"之意。三是高墙窄巷。天井院落之间为防止火灾蔓延，都将山墙建得高出屋顶，山墙呈错落的阶梯形，称为封火山墙。这样一个

个天井院落紧挨相接，有条条街巷相连，形成村落中的支路，街巷与村中干路相通，构成"鱼排式"路网骨架。出于节约用地的考虑，街巷多狭窄，由山墙限定巷道空间，高墙窄巷成了宁波民居建筑的典型形态。

（三）匠心独运，建筑装饰艺术丰富独特

宁波地区民居的装饰艺术，无论是"三雕"（木雕、砖雕、石雕），还是壁画、彩画，都匠心独运，各具特色，表现出很高的艺术水准。砖雕精品多见于门楼，石雕多见于石窗、石鼓、抱鼓石、栏杆柱头、栏板、石阙、雀替等，木雕多用于斗栱、封板、栏板、木窗、木门、柱头等。其中以木雕工艺最为突出。

木雕在宁波传统民居建筑中有广泛的运用，从梁架、檩条到斗栱、驼峰等大木构件，从门窗、栏杆到牛腿、雀替等小木装修，随处可见构图饱满，层次丰富，繁而不乱，富有立体感的精美华丽的雕刻。雕刻的内容有花草、飞禽、走兽、人物、山水及几何图案等。其中最值得一提的是 2006 年初被列入第一批国家级非物质文化遗产名录的宁波朱金木雕，至今已有 1000 余年历史，源于汉代雕花髹漆和金箔贴花艺术，属彩漆和贴金并用的装饰

图⑬ 张苍水故居前天井

图⑭ 秦氏支祠照壁

14

建筑木雕。

宁波民居砖雕、石雕雕刻细腻,造型生动,艺术价值较高。雕刻门楼多以历史故事为题材,有"八仙过海"、"太公垂钓"、"将相和"等,内容非常丰富。如月湖林宅门楼雕刻技法娴熟,是浙东地区晚清民居建筑中的砖雕代表作,雕刻图案有"天女献花"、"鸾凤和鸣"、"文士聚会"、"喜上眉梢"、"家眷和睦"、"敬老携幼"、"白头偕老"、"玉棠富贵"、"加官晋爵"、"天官赐福"、"麻姑献寿"等数十种。这些图案出现在庭院大宅内,不仅是宅内所住男女老幼的祈求,也是后人对美好生活环境的永恒追求。

(四)低调内敛,务实实用

纵观宁波保留下来的大宅,普遍高墙围护,主门偏侧,简易朴素,特别是在清末宁波被辟为通商口岸以后,经商做生意的人很多,房主人在有钱不外露的思想支配下,对居宅大院着意于"深"和"藏"。例如宁波庆安会馆的宫门是一个规模不大的砖制门楼,看得出这里的主人不希望会馆显山露水。而"深不可测"、"藏而不露",也常是中国士大夫借以自勉的处世哲学。如紫金街林宅,入口大门规格特意做小,门内影壁雕刻简易,与内天井砖雕照壁繁琐雕刻形成强烈反差。杨坊故居，仪门朝外面部分雕饰简练朴素，内面则雕饰复杂繁琐，连门楣上"杨坊"两个字也是朝内的，可谓低调内敛的典范。

宁波传统民居用材方面，木材以杉木、松木等当地乡土树种为主，石材也以当地出产的青石、梅园石为主，名贵木材在民居建筑中较为罕见。民居建筑大多不太追求华丽，讲究务实实用，儒雅大方，雕饰也不多。一般雕刻主要在抱头梁、牛腿、雀替、柱础等部位，室内梁架一般不施雕刻，柱子及梁架规格轻巧实用，这些与徽派建筑形成强烈对比。

建筑的外墙色彩主张平淡自然的美学观，以冷灰为主调，以黑白为基色，青砖、粉墙或清水砖墙、黛瓦，以黑、白、灰的层次变化组成单纯、统一的建筑色调，有空斗清水墙、实砌墙和瓦爿墙，具有质朴典雅之美。据说这种色彩格调是受南宋理学家朱熹"大抵圣人之言，本自平易，而平易之中其旨无穷"的思想影响。

（五）中西合璧，新潮多样

鸦片战争后宁波成为通商口岸，随之出现了独特的中西合璧的近代洋式建筑，成为中国近代建筑史上重要的建筑类型和发展阶段。

宁波近代居住建筑，自从产生的第一天起，大多数就打上了中西合璧的烙印。从早期里弄住宅看，它们的形式似乎并未摆脱传统的中国民居特点，然而它们的总体布局却来源于欧洲。早期里弄最有特色的地方——石库门，我们很容易发现中西文化共存这一特点：石库门住宅的结构布局源自中国传统住宅院落的模式，但总体布局却采用了西方联排式的方式，这是出于对土地利用率的考虑，以符合当时的社会形势；其门框、黑门板、

图⑮　灵桥

铜门环无不具有中国传统建筑的特征，而门上的三角形或圆弧形的门楣装修则为十足的西式图案，更重要的是，这种建筑类型既非任何一种中国传统的居住建筑，也不是对任何一种西方建筑的模仿，它们是融合了中西建筑特征而产生的一种宁波特有的中西合璧的近代民居。

当时宁波的政治、经济背景是复杂的、被动开放的，在建筑创作上，建筑师引进当时西方盛行的多种建筑样式，使宁波的建筑风格不断更新。开埠之初的外滩兴建了许多西式建筑，19世纪末20世纪初，随着新思潮的引入，新材料的发展，宁波的建筑师们已很好地将西方住宅文化与本地居住理念融合在建筑设计中。例如有哥特式建筑风貌的天主教堂、英国殖民地式建筑英国领事馆、浙海关、古罗马柱式挂面中式结构的巡捕房、饰有西式罗马柱的英商洋行、严信厚儿子严子均的花园洋房、饰有科林斯石雕罗马柱的甬商周晋镳花园洋房等。

追求新潮也是近代宁波发达的商品经济社会中又一种突出的社会心态。"以新为美"表现在近代社会的各个方面。戏剧、文学、服装、建筑无不如此。1936年5月25日，宁波灵桥完工，一座银灰色配以朱栏的长虹般钢结构大桥矗立在奉化江上，宁波人多年以来的凤愿终于实现了。老百姓竞相观望，以求一睹为快。对于新事物，宁波人有一种特别强的接受能力，反映在建筑上，就是对"新"的追求始终不断。

三、宁波建筑的文化价值

历史建筑不仅是宁波历史与文化的见证，也是宁波文化传承的无声的历史载体，是我们间接了解宁波历史文化的百科全书，值得倍加珍视和传承。我国著名的建筑历史学家梁思成先生就明确提出：最有效的保护就是让国民知道其价值。只有大家都知道其可贵，才会自觉保护。要使宁波的历史建筑得到有效保护，历史建筑文化得到传承光大，首先就是要提高公众对历史建筑文化价值的认识，进而起到保护作用。

（一）历史价值：宁波保存了大量具有唯一性的历史建筑

宁波的历史建筑具有卓越的成就和独特的风格，在中国建筑史乃至世界建筑史上占有重要地位。宁波的历史建筑经历了原始社会、奴隶社会、封建社会以及近代四个历史阶段。在原始社会，由于生产力低下，建筑的发展是极其缓慢的，宁波的先民们从河姆渡干栏式建筑开始，经过漫长的探索，逐步掌握营造地面房屋的技术，创造了原始的木构架建筑，满足了基本的生存需求。到了奴隶社会，大量的劳动力和工具的使用，使得建筑活动有了较大的发展，出现了句章城市、宫殿等建筑类型，夯土墙和木构架建筑已经初步形成。到了封建社会，经过长期的发展和演变，逐步形成了自己的风格，成为成熟独特的建筑体系。唐长庆元年（821 年）宁波正式建城，唐代的水利建筑和佛教建筑遍地开花，取得了骄人的成绩，它山堰和天宁寺塔就是最好的例

证。宋代《营造法式》的颁布，促使建筑业的发展具有相当高的规范性，形成了古代建筑史上的高潮，北宋保国寺大殿成了《营造法式》的实物例证，因此被称为《营造法式》的活化石。而南宋鄞州区的横省石牌坊，是我国现存最早的一座石制仿木结构牌坊。到了元代，宁波作为浙东重要的港口城市和大运河南端出海口，海运极其繁忙。永丰库遗址是元代大型衙署仓储机构的遗址，是我国首次发现的元代库址，2003年被评为全国十大考古新发现之一。明代的宁波，书香满城，一座座藏书楼留史在册，天一阁成为中国现存最早的私家藏书楼。清代的宁波天后宫（庆安会馆）是全国重点文物保护单位中唯一一处宫馆合一的建筑物。

　　到了近代，中西文明的碰撞，使宁波的历史建筑呈现了多元化的特征，江北天主教堂其哥特式建筑风格，被誉为浙江省教堂之魁。江北岸近代建筑群中，宁波邮政局、谢氏旧址、英国领事馆、浙海关旧址，都属英国人自西向东扩张过程中带来的殖民地式建筑。其中的英国领事馆和浙海关旧址列入省内最早的西式建筑物。浙东沿海灯塔中的宁波七里屿灯塔是我国乃至远东最早建造的灯塔之一。龙山虞氏旧宅是宁波商帮名人故居中体量最大，最能体现中西合璧风格的建筑物。而灵桥是我国20世纪

30 年代最大、样式最新颖的钢桥，它的历史价值更重要的一点
还在于它对中国、对世界的近代桥梁史都有一份创造和贡献。

（二）科学价值：大量堪称一流的技术显示了宁波人
的智慧和创造力

　　宁波的历史建筑种类齐全，古代有城市公共建筑、水利建
筑、桥梁、宗教建筑、官宅、民居、园林建筑小品，到近代还出现了
银行、领事馆等办事机构建筑、商业服务性建筑、文化教育类建
筑、医疗建筑以及宁波商帮的名人故居等。宁波各类历史建筑
的建造水平和科学性有些堪称国际一流。

　　河姆渡文化遗址出土的干栏式建筑，是世界已知的最早采
用榫卯技术的木结构建筑。在当时生产力水平相对落后的情况
下，利用木料、石头等原始材料，构建大规模的建筑物，是非常了
不起的事情，反映出了先民们的智慧、创造力和技术水平。唐
它山堰是中国古代四大水利工程之一，其技术部分为全国古水
利工程之首创，比国外同类技术的运用早 200 多年。唐天宁寺
塔是长江以南最古老的一座方形密檐砖塔，是研究江南此形制
（双塔）砖塔的唯一例证，其层层密叠的叠涩砖檐可以看出当年

图⑰　北宋保国寺大殿斗栱

图⑱　元代广济桥

明州的制砖水平和砌砖水平领先全国。

北宋保国寺大殿是我国江南唯一保存完整的北宋建筑实例，大殿的许多做法及规制，成了《营造法式》的实物例证，有的甚至已是孤例。保国寺大殿斗栱结构，用材断面高宽比为3∶2，根据18世纪末19世纪初英国科学家汤姆士·扬的研究，这样的比例反映了最高的出材率，具有最理想的受力效果。中国工匠所采用的受力构件，要先于汤姆士·扬的实验数据几百年，而且作为北宋建筑的官方标准，早已成为一种法式制度，堪称最具科学性的结构模数。

迄今为止，宁波发现最早的牌坊是鄞州区庙沟后石牌坊和横省石牌坊，两座石牌坊是我国木坊向石坊转型时期的重要实例，仿木构形制较为忠实，无论屋面结构，还是斗栱层的细部处理，都刻意追求木结构的效果，与明清时期建的石坊有很大的区别；而且该坊无柱座，又无夹杆石，表现出明显的木牌坊特点，反映了该坊尚处于木牌坊向石牌坊过渡的一种结构形式。它的发现不仅填补了浙东此前无宋代石牌坊的空白，而且其石作建筑技术上的水平在全国也属凤毛麟角，十分珍贵。

元代仅存的廊屋式桥梁广济桥，桥墩由长条石并列而成，五墩四孔，每墩用条石六根，上下做榫，均有侧脚，柱下部用整块基石固定,上部用锁石(横楣梁)锁住,用来承托木梁。其石作水平堪称一流。

元代的永丰库建筑技术更加特殊。永丰库建筑规模宏大,遗址墙基长 56 米,宽 16.7 米,总占地面积 940 平方米,四周墙体筑法奇特:墙体底部紧密排列着中间凿孔的方形块石,组成一个长方形的建筑基础,这种类型的古建筑构造在我国还从未发现过。如此大规模的单体建筑在全国唐代以后的考古发现中绝无仅有。

而到了近代,随着西方建筑技术的传入,大量中西合璧的建筑被建造起来,江北天主教堂哥特式建筑,其内部却采用了中国传统的抬梁式木结构技术。英国领事馆、浙海关旧址等部分构件采用了早期的钢筋混凝土技术,宁波鼓楼是国内唯一一处中西合璧的钢筋混凝土与传统宫殿式建筑技术相融合的实例。灵桥是我国 20 世纪 30 年代最大、样式最新颖的独孔大环钢桥,是当时钢结构建造水平的体现。

(三)艺术价值:独特的建筑风格创造了独具特色的地域风情

宁波的历史建筑体现了许多美学原理,建筑风格千姿百态,式样独具特色,文化色彩浓郁。例如天宁寺塔塔身以上是层层密叠的叠涩檐,相对地面的出檐比较缓和。几道出挑线脚中间夹几层菱角牙子砖,整座塔的卷杀在中段比较突出,而顶部收杀较缓和,这就使塔的外形更加挺拔、美观。收分与递减是我国古塔上一种特有的构图方法,这也是视觉上的艺术处理,使外观看起来有一种美感。

庙沟后石牌坊其上斗栱承托屋面,层层叠叠,向外伸展飞檐翘角,在转角斗栱上使用鸳鸯交颈栱,屋脊上有鸱尾等装饰。它

是东钱湖畔保存最完整、建筑艺术价值最高的石雕之一。

清代庆安会馆的三雕艺术为浙东一绝，尤以雕饰精细的龙凤石柱最为著名。清同治年间的林宅是官宅中雕刻最精美的建筑。宁海古戏台数量最多，建筑最精美，其中三连贯藻井戏台建筑艺术国内罕见。

龙山虞氏旧宅内部传统建筑的精美雕刻和西式建筑的西洋化装饰美轮美奂，堪称一绝。

宁波历史建筑中的书法艺术也相当高，例如聚魁里牌坊正面刻有"聚魁里"正楷大字，遒劲有力。有些牌坊的立柱上还留存着古代文人墨客题写的对联，如鄞州区龙观大路沿节孝碑亭柱上刻有联对"一片冰心盟古井，九重丹诏勒穹碑"。明清以来，宁波所修的桥梁多数都有碑文记载，文人墨客、历代官员为古桥留下了无数的诗、词、联、赋，成为桥梁文化的珍贵遗产。余姚鹿亭白云桥桥孔两侧边墙上均镌有楹联，西侧一联是："地界鄞余，二韭三菁歌利济；村连龚郑，千秋万载庆安澜"，东侧一联是："白水跨虹腰，路通南北；云村留月影，界画鄞余"。两副桥联既点明了此桥地处鄞、余两邑交界，又表达了人们希望过上平平安

安美好生活的意愿。

历史悠久的戏台,不仅是一部生动的戏曲发展史,而且是一部楹联大集。一般戏台台前的两根立柱上都有古代文人墨客题写的对联,如鄞州黄古林街心戏亭的楹联是:"地属通衢,鼓吹声娱过客;门临巨港,弦歌韵入流水。"宁波月湖关帝庙戏台的楹联是:"人在玉壶掩映双湖日月,事垂金鉴分明一部春秋。"其内容或点示环境,或借古喻今,耐人寻味。

奇 ◇ 构 ◇ 巧 ◇ 筑

【二】

宁波原始建筑的雏形：干栏式建筑

干栏式建筑指在木（竹）柱底架上建筑的高出地面的房屋，是河姆渡文化早期的主要建筑形式。中国古代史书中又有干栏、干兰、高栏、阁栏和葛栏等名。这种建筑自新石器时代至现代均有流行，主要分布于中国的长江流域以南以及东南亚，日本等地都有类似的建筑。考古学和民族学中所谓的水上住居或栅居，以及日本所谓的高床住居，亦属此类建筑。

《**孟**子·滕文公下》有言："下者为巢，上者为营窟。"巢居是地势低洼潮湿而多虫蛇的地区采用过的一种原始居住方式。

宁波古代原始建筑的发展是极缓慢的，在漫长的岁月里，宁波的先民们从艰难的巢居开始，逐步地掌握了营建地面房屋的技术，创造了原始的木架建筑，满足了最基本的居住和公共活动要求，这是宁波古代建筑的初创阶段，为以后宁波地区的古代建筑的形成奠定了基础。

近年来通过考古发掘，发现了一些宁波古代人类活动的遗址，这些遗址的发现，说明了从新石器时代到秦朝，宁波地区的人类活动范围在不断扩大，宁波先民们留下了许多人类建筑的雏形，直至今天，许多方面仍可为我们在建筑创作中提供有益的借鉴。

几处干栏式建筑的发掘发现

1. 河姆渡遗址

余姚河姆渡遗址发现了大量干栏式建筑遗迹，特别是在第

图② 河姆渡遗址出土榫卯结构图

图① 河姆渡干栏式建筑复原图

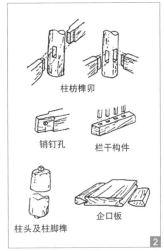

柱枋榫卯

销钉孔　　栏干构件

柱头及柱脚榫　　企口板

四文化层底部，分布面积最大，数量最多，远远望去，密密麻麻，蔚为壮观。建筑专家根据桩木排列、走向推算第四文化层至少有 6 幢建筑，其中有一幢建筑长 23 米以上，进深 6.4 米，檐下还有 1.3 米宽的走廊。这种长屋里面可能分隔成若干小房间，供一个大家庭居住。清理出来的构件主要有木桩、地板、柱、梁、枋等，有些构件上带有榫头和卯口，约有几百件，说明当时建房时垂直相交的接点较多地采用了榫卯技术，有的构件还有多处榫卯。河姆渡遗址的建筑是以大小木桩为基础，其上架设大小梁，铺上地板，做成高于地面的基座，然后立柱架梁、构建人字坡屋顶，完成屋架部分的建筑，最后用苇席或树皮做成围护设施。

这些聚落，居住区、墓葬区、制陶场，分区明确，布局有致。房屋平面形状因功用不同而有圆形、方形、吕字形等。这种底下架空、带长廊的长屋建筑，适应南方地区潮湿多雨的地理环境，因此被后世所继承，今天在我国西南地区和东南亚国家的农村还可以见到此类建筑。

2. 田螺山遗址

田螺山遗址离河姆渡遗址很近，发掘出土的多层次的成片

干栏式建筑柱坑遗迹以及有序的村落设施布局形态,向人们提供了极有价值的河姆渡文化研究视角,即田螺山遗址是迄今为止发现的河姆渡文化中地面环境保存最好、地下遗存比较完整的一处依山傍水式的史前村落遗址。

该遗址出土了多层次以一系列柱坑为主要形式的干栏式建筑遗迹,真实地反映出以挖坑、垫板、立柱为特征的建筑基础营建技术的阶段性特征和发展水平,并出现了多重厚薄不一、垫板式的建筑基础营建方式。遗址中的建筑范围和大小,说明当时的先民已经能够挖掘较深的土坑,且能够应用重力与承重力关系的经验进行建筑,其技术水平在河姆渡干栏式建筑文化中最为先进,对研究木构建筑技术和生态环境的发展、演变过程有特别重要的价值。

3. 慈城傅家山遗址

傅家山遗址是河姆渡文化早期类型的又一处原始聚落遗址,发现的木构建筑村落基址,残留较多的是桩木、木板和带有榫和卯孔的建筑构件。这些构件的制造技术似乎比在河姆渡遗址发现的更胜一筹。

图④ 傅家山打桩式干栏式建筑遗址

图③ 田螺山遗址现场出土的干栏式建筑成排桩基

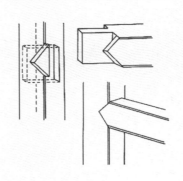

·榫卯·

榫卯：在两个木构件上所采用的一种凹凸结合的连接方式，凸出的部分叫榫（或榫头），凹进的部分叫卯（或榫眼、榫槽），是我国古代建筑、家具及其他木制器械的主要结构方式。

村落遗迹为木构建筑基址，坐西面东，背靠傅家山，面宽方向长度 30 余米，并在南北两端的地层中延续。建筑基址进深方向宽度约 16 余米，有 7 至 8 排木桩。基址残留较多的是桩木、木板，还有带有榫和卯孔的建筑构件。其中桩木成排、成组有规律地向面宽方向分布，木板散乱于其间。

4. 宁波历史上最早的城市 —— 句章故城遗址

宁波在夏、商、周三代都为越地。句章故城位于慈城镇王家坝村一带，前后历周、秦、汉、晋诸代，一度繁华 800 余年。

句章故城遗址的二号探沟的底部，即第四文化层里发现了一座干栏式木构建筑遗址。这座干栏式木构建筑底部先以交错堆叠的木桩形成承重支柱，柱上铺一层木板作为活动面，木板外围圈以一根横木，横木外再支立柱加固。从该建筑上部倒塌堆积情况看，当时的屋顶应铺有一层茅草，茅草之上另覆以板瓦和筒瓦。整个建筑结构严谨，用工考究，与河姆渡文化干栏式木构建筑风格既一脉相承又个性独具，充分体现了江南水乡的建筑特色。从地层叠压关系看，该建筑的使用年代应为春秋至战国时期。

宁波原始建筑的雏形：干栏式建筑

较为先进的木作建筑工具

河姆渡人木作工艺十分突出。除木耜、小铲、杵、矛、桨、槌、纺轮、木刀等工具外,河姆渡文化遗址还发现了不少用来安装骨耜、石斧、石锛等工具的把柄。用分叉的树枝和鹿角加工成的曲尺形器柄,叉头下部砍削出榫状的捆扎面,石斧是捆绑在左侧,石锛则捆扎在前侧。河姆渡遗址出土的许多建筑木构件上凿卯带榫,尤其是使用了燕尾榫、带销钉孔的榫和企口板,标志着当时建筑木作工具和技术的突出成就。

傅家山遗址中的石器主要是生产工具,有石斧、石锛、石凿、石刀、磨盘等。骨器也是主要的生产工具之一,有骨镞、骨耜、骨匕、骨刀、骨锥、骨针等。这些骨质工具都是利用动物的肢骨、肩胛骨、肋骨和角加工而成,它们为建筑原始住宅的主要工具之一。

慈城慈湖遗址中出土的一组木质遗物十分珍贵。木质钻头(镶嵌骨牙质钻刀)尚属首次发现,为研究木质生产工具的发展史填补了空白。木质双翼长锋箭镞与后来双翼短锋青铜箭镞颇相似,推测前者是后者的雏形。牛轭形器可能是一种牵引工具。

这些木制生产工具对建造原始时期的建筑有巨大作用。

广泛采用漆、苇席、砖瓦等建筑材料

河姆渡遗址发现的漆器有 20 多件,早期单纯用天然漆漆于木器表面,稍后在天然漆中掺和了红色矿物质,使器物色彩更加鲜亮。第三文化层中出土的木胎漆碗是其中的代表作品,碗外壁涂有一层朱红色涂料。经鉴定,这种涂料经裂解后,涂氯化钠盐片,用红外光谱分析,其光谱和马王堆汉墓出土漆皮的裂解光谱图相似。用微量容积进行热裂收集试验,确认木碗上的涂料为生漆。朱漆碗的发现,说明早在新石器时代先民们就已认识了漆的性能并能调配颜色,这也为宁波先民建筑材料用漆打下了基础。

在鄞州四明山芦家桥遗址先民原始部落群里,当时的芦家桥先民已脱离刀耕火种的年代,在依山傍水的地方形成了一个固定的生活村寨,这里最有特色之处在于先人已经用芦苇编织的苇席作为挡风避雨的建筑材料,用于房屋建筑的墙壁。

在句章故城遗址二号探沟第四文化层中,发现了板瓦、筒瓦、砖等建筑构件,制作精良,规格较高,非普通民宅所用。出土

的瓦当主要为人面纹瓦当，与六朝时期建康都城出土的人面纹瓦当造型风格近似，时代上一致，充分说明了瓦当作为建筑材料在这一地区也被采用。

把中国榫卯技术历史推前2000多年

河姆渡遗址中出土的庞大的干栏式建筑远比同时期黄河流域居民的半地穴式建筑要复杂，数量巨大的木材需要计算后分类加工，建筑时需要有人现场指挥。这种建筑技术说明河姆渡人已具有较高的智商。这种既可防潮又能防止野兽侵袭的"干栏式"建筑是我国南方传统木构建筑的祖源。尤其是榫卯技术的运用，把中国榫卯技术的历史推前了2000多年，被考古学家称为7000年前的奇迹。

而慈城傅家山遗址中除出土了一些带榫卯的建筑构件外，还发现了销钉木板，更难得的是发现了3块双榫槽板，一端两侧有两个方榫，另一端齐平，两侧凿出圆弧形凹槽。类似构件在河姆渡文化遗址中尚属首次出土。这种建筑技术在当时是相当先进的。

图⑪ 傅家山遗址中罕见的双榫凹槽

图⑩ 傅家山遗址出土的销钉木板

【三】

咸通塔上的盛唐印记

| 覆钵塔 | 楼阁式塔 | 密檐式塔 | 单层塔 | 藏式塔 | 金刚宝座塔 |

密檐式塔出现于东汉或南北朝时期,盛于隋、唐,成熟于辽、金,它是在楼阁式的木塔向砖石结构演变的过程中形成的。这种塔的第一层很高大,而第一层以上每层的层高却特别低,各层的塔檐紧密重叠着。密檐式塔在发展中形成了自己独特的风格,成为唐代、辽代塔的主要类型,而且多为四面体、六面体和八面体。

在宁波市区的中山西路上,有一座塔身高度远远不及天封塔的古塔。它就是俗称"咸通塔"的天宁寺塔。然而,这座看上去并不起眼的"小塔"却大有来历。天宁寺塔始建于唐咸通年间(860~873年),是我国江南地区保存最完整的唯一一座唐代密檐式砖塔,也是我国现存寺前双塔形制早期的实例之一,对研究中国建筑史,特别是宗教建筑史,具有极大的价值,也是宁波历史文化名城的标志性建筑之一。该塔及遗址系第六批全国重点文物保护单位。

咸通塔的来历

天宁寺塔(西塔)距明州子城南门(鼓楼)约210米,塔因属天宁寺而得名。因塔身有咸通年造砖题记,俗称咸通塔。

据史料记载,天宁寺始建于唐大中五年(851年),初名国宁寺,宋崇宁二年(1103年)改为崇宁万寿寺,政和二年(1112年)改为天宁万寿寺,绍兴七年(1137年)改为天宁报恩寺。元、明、清三朝天宁寺屡毁屡建,规模不断扩充,鼎盛时期,寺内建有山门、大雄宝殿、钟楼、鼓楼、千佛阁、罗汉殿、方丈殿、铁塔、砖塔、禅房等,寺院有田产2159亩,山林260亩,是宁波历史最久、规

图①　维修后的天宁寺西塔

图②　天宁寺塔及遗址全景鸟瞰

图③　考古挖掘出来的咸通四年造砖

模较大的寺院之一。寺前双塔始建于唐咸通年间,在大殿中轴线上左右并列,今天我们看到的咸通塔,就是双塔中的西塔。

1995年中山路改造时,考古人员对唐天宁寺遗址进行了考古发掘,天宁寺塔被保护下来并进行了维修。维修工程于当年年底竣工,天宁寺塔成为屹立于宁波城市东西主干道上一处不可多得的人文景观。

东西双塔为何独剩西塔

与咸通塔有关的文献资料很少。在塔身砖上有正书"咸通四年造此砖记"的铭文。清《四明谈助》记载:"天宁寺咸通砖塔,分左右两塔,在天宁寺前。"民国《鄞县通志》有"咸通四年造此砖记"及"文在左侧无匡线。寺前二塔,左右分列,清光绪季年六月右塔崩,砖散于民间。今左塔尚存"的记载,左塔即现存西塔。

那么，当初的左右双塔为何独倒东塔，而西塔却屹立至今呢？考古人员综合各方面的因素，提出以下两个可能的原因。

一是据史料记载，子城四周原为护城河，河道离东塔较近，可能是东塔基础向河道滑移下沉所致。

二是据清《四明谈助》记载，清康熙二十三年（1684年）三月十二日，寺外民居起火延至街上，先毁寺前山门、右经藏，后毁左经藏，可能东塔受火熏烤特别严重，塔砖受大火烤灼而碎裂，作为砖块黏合剂的黄泥膏则受火烤而失水，黏结力降低，塔体内悬挑木板梁均被烧毁炭化，大大减弱了支撑东塔的结构内力，当塔略有倾斜就倾覆了。

1995年的考古发掘也证明了这一点。考古人员发现，已经倒塌的东塔，基座为典型的唐代须弥座式，平面呈正方回字形，从砖基座的四角高度实测，得知塔身从基座起是扭曲式倾斜，按塔高12米计算，塔身南偏西36度多，塔中轴线向西南倾斜超过

图⑤　维修前的西塔残存腰檐壸门

图⑥　维修前的西塔第二层东面腰檐

图⑦　维修前的西塔顶

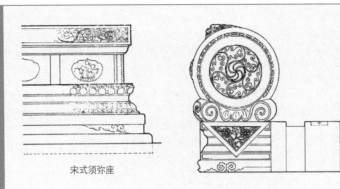

·须弥座·

宋式须弥座

须弥座，又名"金刚座"、"须弥坛"，源自印度，系安置佛、菩萨像的台座。须弥即指须弥山，在印度古代传说中，须弥山是世界的中心。另一说指喜马拉雅山（又名大雪山）。用须弥山做底，以显示佛的神圣伟大。

一度，塔顶中心向西南已移约 23.7 厘米。塔身砖尺寸与质量较好的基础砖相同，都为青砖，极少数为红色胎心砖，因经历了千年重压和自然侵蚀，以及湿涨干缩的演变，已大多碎裂、脆化，形成一道道通缝。

在基座内壁特别是四角，发现用大量汉、晋碎墓砖砌筑的支撑墙。须弥座上枋、束腰都有一些遗留的石灰。由此可以确定，东塔在明、清时期经过加固。在现地表面下的东北角，考古人员发现了一块约 60 厘米见方的 13 层倒塌砖体，因此专家认为此塔为局部倒塌，而非一次性整体坍塌。

咸通塔上的盛唐印记

咸通塔，也就是天宁寺塔具有明显的唐代建筑特色。从结构和外观上可以看出，该塔建于晚唐时期，具有唐代砖塔的特征。

天宁寺塔具有唐密檐式双塔的基本特征。同时在一处建两座佛塔或在大殿前端左右平列，或在中轴线上前后并列，即称双塔，盛行于唐代。平面呈正方形，五层密檐塔，塔身以上是层层密叠的叠涩檐，相对地面的出檐比较缓和。几道出挑线脚中间

图⑧ 考古挖掘出来的须弥座东塔基侧视图

图⑨ 考古挖掘出来的须弥座东塔基平面图

图⑩ 考古挖掘出来的须弥座东塔基全貌

图⑪ 考古挖掘出来的须弥座东塔基铭砖拓片

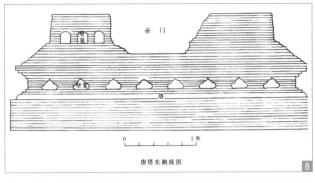

唐塔东侧视图

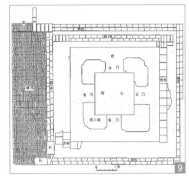

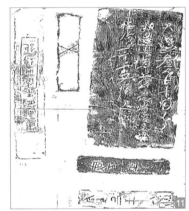

夹几层菱角牙子砖,整座塔的卷杀在中段比较凸出,而顶部收杀较缓和,这就使塔外形更加挺拔,此为唐密檐式塔的基本特征。

从结构上看,天宁寺塔基座处理较简单。基础为黄泥夯实层和砖基础层,其上基座为素面砖砌须弥座,基座较低,约为40厘米。据分析,早期古塔的塔基都较低,只有几十厘米的高度,西安玄奘塔就根本看不出基座,以致被误认为塔从地出。唐代晚期,基座发展成一些简单的须弥座,对建筑主体既有观览上的衬托作用,又有保证安全的作用。

天宁寺塔的塔底层四面均开尖券形壶门。唐初期塔多方形门洞,到了晚唐,受墓葬中券洞的影响,有的做成尖券状壶门,这种门洞在唐塔中十分盛行。

天宁寺塔运用的收分与递减手法,也与唐代砖塔手法是一致的。

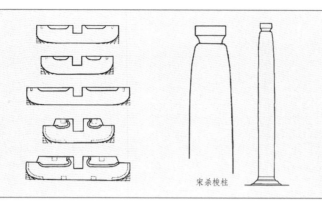

宋杀棱柱

唐宋建筑中拱、梁、柱等构件端部作弧形(其轮廓由折线组成),形成柔美而有弹性的外观,称为卷杀。"卷"有圆弧之意,"杀"有砍削之意。所谓"卷杀",就是将其端切削成柔美而有弹性的外形,其轮廓由折线或曲线构成。

凡是唐代建造的塔,各层塔身都有收分与递减手法。收分做法又有大小收分与上下收分。从塔下到塔顶逐步施用,由一层开始,逐层做收分,越往上,尺度越小,构成一个尖锥状,这叫大小收分。另一种由塔下端开始,尺度小,逐步放大尺度,塔的中部达到最大,上下部分尺度小,形成优美的轮廓线,这叫上下收分。递减手法是指各层塔身高度由一、二层开始,越往上逐层减低,面宽也随之减少,构成一种规律。我国古塔对各层塔身高度处理,从来都是递减的,这是视觉上的艺术处理,使塔形看起来有一种美感。收分与递减是我国古塔上一种特有的构图方法,是为达到造型优美而产生的。

在唐代的砖塔上,常用升起与弧身两种式样。升起是指在设计和建造建筑外檐部位时,使两端向上挑出少许,使平直的檐子出现一种曲线,给人一种轻快的感觉。升起最早用于木构建筑,后来在砖石建筑上,也竭力模仿木构建筑,塔檐部虽用砖做成,仍然采用升起式样。弧身式样,是指将建筑外壁直线改为曲线。从北魏嵩山嵩岳寺塔开始,一直到唐代,一些砖塔都作出弧身式样。天宁寺塔塔身、腰檐和塔顶呈中间凹两头翘,是因为在各层塔檐处都运用升起式样,各层塔身又运用了弧身式样,是典型的唐塔式样。

图⑭
西塔壁龛

图⑬
天宁寺西塔西面壶门原貌

图⑫
天宁寺西塔内壁

建筑柱子上下两端直径是不相等的,除去瓜柱一类短柱外,任何柱子都不是上下等径的圆柱体,而是根部(柱脚、柱根)略粗,顶部(柱头)略细。这种根部粗、顶部细的作法,称为"收溜",又称"收分"。同样,中国许多古塔中也存在收分现象,例如河南登封嵩岳寺塔是我国现存最古老的密檐式砖塔,建于北魏正光四年(523年)。塔平面为十二边形,是我国塔中的孤例。高十五层,约40米。塔身外轮廓有柔和的收分,呈现出精美的外轮廓曲线。

12

13

14

天宁寺塔砖尺寸有多种,其中主要为长28~32厘米,宽11~15厘米,高3~3.5厘米,类同于同时期的唐代塔砖。唐代砖塔壁体砌砖均以长身平行砌筑,壁体内外表面十分整齐,但壁体内夹心砖比较凌乱。砌砖全部用黄泥浆,黄泥浆具有可塑性,黏结力大。宋代砖塔用浆是黄土和白灰的混合灰浆,这是唐宋砖塔用浆的一个根本区别。天宁寺塔塔身表面砌砖即采用长身平行砌筑,并列三道砖,砌砖用浆采用纯粹的黄泥浆,其中无一点

《尔雅》解释为："宫中衖谓之壶"，指古时宫中连接巷子的宫门。壶门式形状的装饰手法属于船来品，是随着佛教的传入而用于佛塔宝刹、神龛壁藏、转轮经藏等佛教建筑结构中的装饰。佛教建筑中能显示尊贵的入口之处一般都会采用壶门样式。

图⑮ 考古发掘出来的天宁寺塔遗址瓦当拓片

白灰,正是唐代砖塔的砌法。

天宁寺塔壁面基本上没有装饰花样,其塔基须弥座制作也十分简洁朴素。塔身每层每面砌出小型佛龛,腰檐采用砖叠涩出檐,无常见的仿照木结构塔的形状和莲柱、雀替、斗栱、花板等装饰手法,须弥座亦用叠砖砌出,上下枭也用砖打制而成。考古发掘时,在东塔基的西面壁上发现了六块反阳文的"咸通三年记砖",进一步确证了双塔的初建年代。同时双塔之间发现了唐代斜砖平砌道路遗迹,向北延至寺院山门,寺与塔的位置关系、塔基形式以及唐代路面等谜团也因此解开了。

在对西塔进行残损情况勘察时,考古人员在现存西塔第三层南面,也发现了带有"咸通二年"、"咸通三年"及"钱"字纹、"米"字纹等铭文的砖块,补充了古籍文献记载的不足,进一步确定了西塔的建筑年代为唐咸通年间。称其为咸通塔,可谓实至名归。

【三】

木与砖石的史诗：千年古塔

塔是一种常见的古建筑。俗话说"救人一命，胜造七级浮屠"，浮屠就是佛塔。矗立在大江南北的古塔，被誉为中国古代杰出的高层建筑。

塔，在古代的印度就是坟冢的意思。从印度的梵文译成汉文之后，曾经出现了佛图、浮屠等音译名称。而"塔"则是古代的中国人给予这种印度传来的建筑的一种很形象化的名称，最早见于晋代葛洪写的《字苑》一书。

据《鄞县通志》载，三国时吴赤乌二年（239年），句章（宁波）人东吴太子太傅阚泽舍宅为寺，建造了宁波历史上第一座寺院——普济寺（遗址在今慈湖中学）。明《重修普济禅寺碑记》中道："……（普济寺）中列浮屠，而祀公像于两楹之东。"其中浮屠即为塔，该塔是宁波历史上有文字记载的第一座佛塔。

宁波现存最早的古塔是中山路上的唐天宁寺塔。唐长庆元年（821年），明州州治从鄞江小溪迁到三江口，并建明州城（子

图① 宁波唐代天宁寺塔

城)。大约过了 30 多年,在离明州城不足百米的地方,出现了一座殿宇巍峨的古刹,黄墙青瓦掩映在绿树丛中,寺门前双塔高耸,这就是唐代名刹天宁寺。著名的古建筑专家罗哲文对天宁寺寺前双塔实地勘察后,认为它不仅是省内最早的方形砖塔,而且也是我国仅存的唐代寺前双塔实例。可惜双塔之东塔早已崩塌于清光绪年间,遗留至今的唯有西塔。

明代有《二灵山》诗曰:"东湖闲处二灵山,龙吐双珠落水间。四面乱风云气白,半天孤塔土花斑。"描写的是被称为"钱湖十景"之一的"二灵夕照"。每当暮色初起,东钱湖水波不兴,夕阳余晖洒满二灵塔,塔影倒映在湖中,与四周的湖光山色融成一片。二灵塔不仅建筑独具匠心,而且雕刻极其精美。它是一座正方形的石塔,塔高 9 米,塔心中空共 7 层。每层都有腰檐,腰檐呈中间凹两头翘的弧形,其两端有圆孔,为悬挂风铃之用。每层塔身四壁中心均有佛龛,其内有浮雕佛像 39 尊,个个神情安

图④
二灵塔塔身浮雕佛像

图③
二灵塔塔身浮雕莲花

图②
东钱湖东南二灵山上的二灵塔

5

祥。第一层另有 3 尊金刚，粗犷而威严。从塔壁上刻的"政和口年"的铭文和极具宋代雕刻艺术风格的佛像看，二灵塔是北宋政和年间的上乘之作。

如果乘火车由杭入甬，在接近慈城的地方，你会看到一座历经 400 余年风雨的明代砖塔彭山塔，它是进入宁波城的标志性建筑物。古人有诗云："百里烟花郭外山，仙郎此日共登攀。塔盘层影云霄半，地拥灵奇海岳间。"彭山塔高伟宏敞，方圆数十里外即可望见。

中国现存最小的塔是宁波阿育王寺木雕舍利小塔，仅几十厘米高，却是佛教中闻名的一件宝物。传说晋泰始年间（265~274 年），有一个名叫刘萨诃的人，从地下挖出一座青色小塔，"高一尺四寸，广七寸"，塔刹有五重相轮，塔的四面都有雕刻，似石而非。并说这塔就是阿育王所造四万八千塔之一，里面藏有释迦牟尼的舍利。南朝宋元嘉二年（425 年）建阿育王寺时，寺内专建一座高 50 余米、重檐琉璃瓦顶的舍利殿，舍利殿内

图⑤　宁波慈城彭山塔

又建石舍利塔一座，石塔内又有七宝镶嵌的木塔，再里面才是这座小舍利塔，可见珍藏备至了。小木塔也与佛经传记上所说相符，塔身雕刻完全是印度风格，但又与五代吴越王钱弘所造八万四千宝箧印经塔极为相似。那么，它究竟是五代时吴越王所造，还是如传说在两晋时从地下挖出来的？不得而知。

在宁波地区，保存古塔最多的要算奉化市了，至今还保留着6座风格各异的古塔。

如位于奉化大桥镇南山顶上的瑞峰塔，始建于唐，重建于清，是一座石塔，塔旁碑亭楹联曰："文笔一枝凌霄汉，穿碑千古耀南山。"

奉化江口镇西约500米的甬山上，有一座曾用于军事的寿峰塔。据《奉化县补义志》载："后唐童左丞于甬山将尽处筑塔，以便瞭望狼烟而备一邑文峰。"现存古塔为清道光二十年（1840年）重修。

慈溪市洞山寺石塔是浙东地区现存最精美的宋代石塔，它

和世界文化遗产日本奈良东大寺石塔雕刻一模一样,可谓师出同门。根据调查,目前浙东仅存两座宋代石塔,另外一座就是东钱湖的二灵塔,但是雕刻远不及洞山寺石塔精美。

洞山寺石塔原为7级刻石砌成,现残存5级。整座塔平面呈六角形,每面均有精美的佛像浮雕,总共雕刻约30余尊佛教造像,翼角上翘、瓦当清晰。石塔的每级塔身都用一整块石材雕凿而成,上下两级之间的腰檐,也是整块石头,造型古朴典雅,具有很高的艺术价值,在整个浙江都非常罕见。

据笔者近几年调查,宁波遗存下来的有名可稽的古塔还有30多座,它们不仅历史悠久,而且建筑风格迥异,平面形状有圆形、正方形、六角形等。层数五至十三层不等,多为奇数,如唐天宁寺塔为五层,彭山塔及奉化部分古塔均为七层。按建筑材料可分为木塔、石塔和砖塔,甬上古塔大多为砖塔。按建筑类型分有楼阁式、密檐式以及楼阁密檐结合式等。

10

　　楼阁式塔是中国古塔中历史最悠久、体形最高大、保存数量最多，是汉民族所特有的佛塔建筑样式。例如宁波天封塔，始建于唐武则天天册万岁至万岁登封年间（695～696 年），因建塔时年号始末"天封"而得名。塔高 18 丈，约 51 米，共 14 层，分 7 明 7 暗（包括地宫），六角形，每层间距比较大，一眼望去就像一座高层的楼阁。因为形体比较高大，楼阁式塔内一般都设有砖石或木制的楼梯，可以供人们拾级攀登、眺览远方，而塔身的层数与塔内的楼层往往是相一致的。在塔外还有意制作出仿木结构的门窗与柱子等。

　　现存天封塔为我国江南特有的典型的仿宋阁楼式塔，具有宋塔玲珑精巧、古朴庄重的特点。天封塔也是古代明州港江海通航的水运航标，港城重要标志。唐以来，明州港崛起并成为中国著名的对外贸易港口之一，外国使节、留学生和商旅由明州港入口岸，经浙东运河、京杭大运河直达京都。法国人曾在《中国

出口贸易实地考察》中描述道：中国最美的宁波城具有大量的
历史古迹，其中最引人注目的名为敕封塔（即天封塔），在塔壁
上发现了法国三帆阿尔克梅纳号上多名海员题画的名字，该船
曾于前一年访问过宁波。天封塔是历史的见证，是海上丝绸之
路的重要文化遗存。

　　密檐式塔在中国古塔中的数量和地位仅次于楼阁式塔，例
如宁波天宁寺塔，它是在楼阁式的木塔向砖石结构演变的过程

图⑪　今日天封塔
图⑫　天封塔旧影
图⑬　今日天封塔塔刹
图⑭　原天封塔塔刹

奇构巧筑——宁波建筑文化

060

叠涩，一种古代砖石结构建筑的砌法，用砖，石，有时也用木材通过一层层堆叠向外挑出，或收进，向外挑出时要承担上层的重量。叠涩法主要用于早期的叠涩拱，砖塔出檐，须弥座的束腰，墀头墙的拔檐。常见于砖塔、石塔、砖墓室等建筑物。

中形成的。这种塔的第一层很高大，而第一层以上各层之间的距离则特别短，各层的塔檐紧密重叠着。塔身的内部一般是空筒式的，不能登临眺览。

如今，宁波古塔在旧城改造中得到了有效的保护，共有几十座古塔被列入各级文保单位。1995 年以来，为了保护七塔寺前七石塔和唐天宁寺塔，市政府在改造百丈路和中山路时，特意让马路在塔前拐了个弯。这些拐弯处成了城市街道上别有韵味的

人文景观。

　　宁波千姿百态的古塔，是美的历程。古塔之美蕴含着时代的精神，凝聚着人的创造、智慧与信仰的力量，展现出各个历史阶段演化的风貌，成为一部木与砖石的艺术史诗。

图⑱　宁海跃龙街道文峰塔

图⑲　七塔禅寺寺前石塔

【四】

宋式范例：千年保国寺大殿

"**Ｙ**若隐云端，萦回路百盘。"（明·钱文荐《游保国寺》）这两句诗形象地描绘了保国寺幽静深邃的美好风光。

1961年，保国寺被国务院公布为第一批全国重点文物保护单位，成为名城宁波第一个"国保"。

作为我国江南保存最完好的北宋木结构建筑，保国寺大殿一直是宁波人心中的骄傲。

（一）

保国寺历史悠久，据文献记载，东汉时，中书郎张齐芳弃官隐居于此，后舍宅为寺，名灵山寺，后废圮。继而重建，唐会昌灭法，寺又被毁。唐广明元年（880年），当地人士派明州国宁寺可恭和尚上长安，请求唐僖宗恢复灵山寺。可恭到长安后，在弘福寺讲经，佛法大振。据说，僖宗高兴，认为对国有利，保国有功勇，遂赐"保国"匾额。从此"灵山寺"改名"保国寺"。后再次被毁。

到北宋大中祥符六年（1013年），由德贤和尚重建大殿等建筑。

如今的保国寺古建筑群占地面积20000平方米，分三条轴线分布，布局严谨，错落有致，壮丽之中不乏江南的秀雅气质。现存有汉（骠骑井）、唐（经幢）、宋（大殿）、明（迎薰楼）、清（天王殿、观音殿、钟楼、鼓楼）、民国（藏经楼）等多个历史时期的古建筑，其中重建于1013年的大殿，经过千年的斗转星移，几经战乱，几经灾变，终于蹒跚至今，尤其是在气候湿润、白蚁横行的南方地区，更为难得，不能不说是个奇迹。

（二）

保国寺的发现，竟出自一个"偶然"。

1954年8月，当时南京工学院的学生戚德耀和同学窦学智、方长源组成暑期实习小组，在宁波作浙东民居和古建筑的调查。调查接近尾声时，他们无意间听人说起洪塘北面山中有一座年代久远的"无梁殿"。于是，他们决定上灵山探个究竟。正是这次"偶然"的探访，揭开了被岁月尘封了900多年的一个秘密。

那天，天公不作美，下起了大雨。三人凭着一股热情，沿着

图① 保国寺天王殿

图② 保国寺大殿距今已有1000年的历史，清康熙二十三年（1684年）增建了大殿下檐，

山脚冒雨前行。约半个小时,只见群山环抱之中,一座灰黑瓦顶
的大寺依山层层而上。

三人进了古寺,仔细察看了大殿营造,从斗栱、藻井、瓜棱柱
等他们从未见过的细节部位分析,断定此座建筑非同寻常。当
时天色已晚,来不及测绘和拍照,雨停之后,三人便搭车回了宁
波。第二天赶回南京,向他们的老师,我国著名建筑学家、中国
科学院院士刘敦桢教授报告了这一重要情况。刘敦桢教授听后
非常惊异,决定让他们重返寺院,进行详尽的测绘、拍照和资料
收集 …… 自此,保国寺的神奇才广为人知。

（三）

说到中国古代建筑的发展历史,就不能不提刊行于北宋崇
宁二年(1103 年)的《营造法式》。这部由北宋官方颁布的建筑
设计、施工规范书,是我国古代最完整的建筑技术典籍。而说起

图③ 保国寺大殿内景

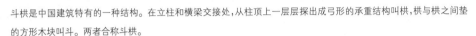

·斗栱·

斗栱的主要分件

斗栱的基本构造

斗栱是中国建筑特有的一种结构。在立柱和横梁交接处，从柱顶上一层层探出成弓形的承重结构叫栱，栱与栱之间垫的方形木块叫斗。两者合称斗栱。

这部《营造法式》，就不得不提及我国北宋杰出的政治家、思想家、文学家王安石。他是《营造法式》的始编者，同宁波也有一段历史渊源。

北宋庆历七年（1047年），王安石来到鄞县任知县，在任仅三年左右，却干了一番大事业。从某种意义上说，鄞县成了王安石变法的一个试验田，并且成效显著，为他日后革新变法积累了宝贵的经验。

北宋建国以后百余年间，大兴土木，宫殿、衙署、庙宇、园囿的建造此起彼伏，造型豪华精美铺张，负责工程的大小官吏贪污成风，致使国库无法应付浩大的开支。为杜防贪污盗窃，亟须对建筑的各种设计，材料、施工的定额、指标制定标准和规范，以明确房屋建筑的等级制度、建筑的艺术形式及严格的料例功限。

北宋熙宁元年（1068年）四月，王安石入京，变法立制，富国强兵，力求改变国家积贫积弱的现状。王安石的多项改革，涉及当时大规模的建筑业的管理，其中包括着手编制我国最早的建筑学规范性书籍《营造法式》。《营造法式》中许多建筑方面的规章条例来自于王安石在鄞县积累的工作经历。可是由于当时参与编写的官员不得力，法式在内容上存在瑕疵，没法施行。宋哲宗登基后（1086年），命令李诫进行重编，于元符三年（1100

年)成书,崇宁二年(1103 年)刊行。

(四)

保国寺大殿的建造时间比《营造法式》的刊行时间还要早90 年,有关专家研究发现,保国寺大殿的建筑做法,跟《营造法式》所定规制很像,说明《营造法式》吸收了宁波的做法。从另一个角度来说,时至今日,保国寺大殿的许多做法及规制,已成为《营造法式》的实物例证,有的甚至已是孤例。

大殿的宋式建筑特色主要如下:

1. 平面布局进深大于面阔。

保国寺大殿建筑平面面阔小于进深。这种进深大于面阔的平面形制,在现存的唐、宋、辽、金、元木结构建筑中极为罕见,但浙江现存的两座元代木结构建筑(武义延福寺大殿、金华天宁寺大殿)的平面形制,都采用了与保国寺大殿相同或相近的平面形制。此外上海元代真如寺正殿也采取类似的做法。在现存的宋元时期木结构建筑中,除了山西高平县玉皇庙玉皇殿外,进深大于面阔的建筑都在浙江地区,且出现时期最早。因此,进深大于面阔的建筑平面形制,如果不能说是浙江地区宋元时期建筑的一大特色,至少可以看作是宋元时期江浙一带一种较普遍的做法。

2. 宋式斗栱结构,用材断面高宽比为 3 ∶ 2,达到最高出材率和最强受力效果。

《营造法式》大木作制度的开篇便是"凡构屋之制,皆以材为祖。材有八等,度屋之大小因而用之"。这里的"材"类似于现代建筑设计中的模数。保国寺大殿斗栱用材接近于五等材,其斗栱材栔不仅与《营造法式》的规定基本一致,而且材断面的高宽比为 3 ∶ 2。根据 18 世纪末 19 世纪初英国科学家汤姆

图④ 三个连拼镂空藻井为宋代建筑独创

图⑤ 复杂的宋式斗栱和阑额上的七朱八白,是宋式彩画在宁波的唯一实例

图⑥ 密密麻麻的天花板和藻井遮住了梁架,不易看出巨大的横梁,于是被称为「无梁殿」

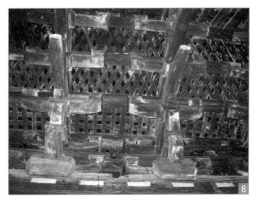

士·扬的研究，这样的比例能保证最高的出材率，具有最理想的
受力效果。中国工匠所采用的受力构件，要先于汤姆士·扬的
实验数据几百年，而且作为北宋建筑的官方标准，早已成为一种
法式制度，堪称最具科学性的结构模数。

3. 以小拼大的四段合瓜棱拼合柱为我国最早实例，柱身有
明显的侧脚。

保国寺大殿的柱子是一种颇具时代特征和地方特色的构

件。殿中 16 根柱子均用较小木料拼合、包镶而成，横断面呈瓜棱状。瓜棱瓣数因柱的位置不同而有所差别，大致可分为两种情形：一是断面为八瓣全瓜棱式，用于檐柱与内柱；另一种断面为半瓜棱或四分之一瓜棱式，用于山面及后檐，向外一面有瓣，向殿内部分则仅作弧形状。此种做法虽然《营造法式》中未作记载，但在汉魏时期已显雏形。因瓜棱柱的外形与做法与汉代出现的束竹柱相类似，很可能两者间存在渊源关系。在现存宋代建筑中，南方建筑中瓜棱柱较为常见，如浙江临安南屏塔（北宋熙宁年间）、福建福清南涧寺水南塔（北宋宣和年间）、浙江湖州飞英塔内石塔（南宋绍兴年间）等都有石构或砖砌瓜棱柱遗迹。唯保国寺大殿为木结构，最为罕见。

4. 柱础与同时期的宋代建筑大体相同。

柱础有鼓形、须弥座式和覆盆状三种。其中须弥座式又有雕刻花纹及无花纹之别。保国寺大殿覆盆状柱础与江苏苏州玄妙观三清殿（1179 年）及福建福州华林寺大殿（964 年）柱础大体相同，极具宋代风格。

5. 前槽天花板上绝妙地安置了三个镂空藻井，用于礼佛空间，这是保国寺大殿的独创。

中国古建筑一般都用天花板，少数建筑没有天花板。天花板挡住屋檐上的灰尘，这是最原始的想法，叫盛尘，下面比较干净。后来发展成做一些装饰的东西。东汉应劭所著《风俗通》记载："今殿作天井。井者，东井之象也。菱，水中之物。皆所以压火也。"东井即井宿，二十八星宿之一，古人认为主水。古人在殿堂、楼阁最高处作井，同时装饰以荷、菱、藕等藻类水生植物，由此构成藻井，其实含有借藻井压伏火魔的观念。藻井从汉代开始一直流传下来。保国寺大殿前槽天花板上绝妙地安置了三个镂空藻井，礼佛空间显得华丽。目前所见最早的藻井只有辽代的独乐寺观音阁大殿藻井。唐代的建筑，如佛光寺大殿，也

图⑨ 须弥座式柱础

图⑧ 覆盆状柱础极具宋代风格

图⑦ 瓜棱拼合柱为我国最早实例，柱身有明显的侧脚

没有藻井，只有相当于盛尘这样的天花板。

《营造法式》对藻井的做法有规定，其中大的八条阳马汇在一起，跟保国寺特别像，可以说基本就是保国寺的藻井式样。保国寺藻井的用材取《营造法式》的七等材，这是现存宋、辽、金时代木装修按《营造法式》规定在大木作中选择藻井用材等级的唯一例子。

6. 保国寺大殿还有一些建筑细部做法，跟《营造法式》很相似，有的已成为海内孤例。

有一个构件叫蝉肚绰幕（绰幕枋），外形像蝉肚子上的花纹。别的地方没有，唯保国寺大殿独存。还有七朱八白的彩画。宋代彩画有五大类型，即五彩遍装、碾玉装、青绿晕装、解绿结华装和涂红刷饰。涂红刷饰里面刷红的或青的加白的方块，叫七朱八白。保国寺大殿的七朱八白彩画，是宋式彩画在宁波的唯一实例。另外有一些梁架、阑额两肩有卷杀，这种做法不多见，早期北方建筑中基本看不到，后期南北方都有。《营造法式》对此记载为两肩卷杀。

【五】

宁波古牌坊：珍贵的「活体史书」

上了年纪的宁波人还记得，过去宁波很多地方都有形态各异、巍峨挺拔的石牌坊。"三支街口石牌坊，刻虎雕龙古迹藏"，说的就是位于月湖的原七牧将军庙前的张尚书坊。其他还有许多，它们或横跨于通衢，或雄踞于巷口，或肃立于墓道前，点缀着景观。尽管有许多牌坊如今已不复存在，但宁波街巷地名中仍留有它们的遗迹，如天封塔旁就有一条小巷名叫牌楼巷。

梁思成曾说，城门和牌楼、牌坊构成了北京城古老街道的独特景观，城门是主要街道的对景，重重牌坊、牌楼把单调笔直的街道变成了有序的、丰富的空间，这与西方都市街道中的雕塑、凯旋门和方尖碑等有着类似的效果，是街市中美丽的点缀与标志物。

直至民国年间，宁波市区仍有相当数量的石牌坊遗存，这从《鄞县通志》中大量关于牌坊的罗列记载就不难看出。然而，如今宁波城中幸存的石牌坊已屈指可数，在城市街道的宽度日益超出牌坊"人"字形尺度的同时，这些昔日"街市中美丽的点缀与标志物"也难再寻见了。

（一）牌坊的起源

牌坊又称牌楼，是中国古建筑中一种由单排或多排立柱和横向额枋等构件组成的标志性开敞式建筑。实际上，牌坊较牌楼简单，上面没有斗栱或楼檐。习惯上，此类建筑北方民间多称牌楼，南方不论有无楼檐都叫牌坊。

牌坊起源很早，据《周礼》记载，周代居民居住格局的基本单位是"里闾"，唐代时改"里闾"为"里坊"。"里坊"（里闾）制度要求城市布局规划为方格网式（棋盘式），各格用地面积相等，每一块封闭的方格用地称为"里坊"，其四周有封闭的坊墙包围，

开有前后门，即坊门。坊门一般较高，有柱，有额，其上可以刻字作文章，此时牌坊的雏形已开始形成。

当北宋取消"里坊制"之后，里坊门成为了独立的坊门，宵禁的实际功能被取消了，而里坊门则演变为具有象征功能的里坊标志。独立的坊门从宋代开始，经历元代和明清，其标志性和纪念性功能不断增强，对于造型、构造和装饰的变革也日趋精湛和精美。牌坊的类型繁多，从一开间到多开间，从一楼到多楼，平面及材料形式也不断组合变换。

牌坊建筑作为社会的载体，不同程度地体现出政治、经济、文化等方面的功能与价值。牌坊建筑从一个侧面反映了封建社会的宗教色彩和礼制纲常，从另一个侧面也记载了宝贵的历史资料，成为活的史书。

（二）宁波有代表性的部分牌坊

在江北慈城有一座浙东地区保存最完整的孔庙，其大门为棂星门。棂星门也是一种牌坊，只不过较特殊。据有关文献记载，

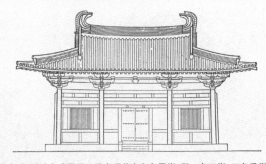

· 歇山顶 ·

山花　正脊　垂脊　戗脊

歇山顶，即歇山式屋顶。歇山顶共有九条屋脊，即一条正脊、四条垂脊和四条戗脊，因此又称九脊顶。由于其正脊两端到屋檐处中间折断了一次，分为垂脊和戗脊，好像"歇"了一歇，故名歇山顶。其上半部分为悬山顶或硬山顶的样式，而下半部分则为庑殿顶的样式。

早在汉高祖时就规定，祭天要先祭灵星。北宋天圣六年筑祭台时，不仅建造了祭台外墙，而且采用坊门形式设置了灵星门。后来把灵星门移置于孔庙建筑上用作大门，意欲用祭天的礼仪来尊重孔夫子，又因其门形如窗棂，于是改"灵星门"为"棂星门"。

最典型的亭式石牌坊是"钟郝遗徽"石亭，坐落在象山县月楼岙村北路口，建于清咸丰元年，为一正方形四柱两层全石歇山顶亭式建筑。正面朝南，额刻"钟郝遗徽"四字，四柱刻有楹联，亭中立一石碑，高 173 厘米，宽 82 厘米，厚 18 厘米，上刻"坤德永贞"四字，款为"浙江巡抚部院、布政使司，宁波府正堂，象山县正堂所立"字样。据民国《象山日志》记载，该石亭为庄耀序妻黄氏而立。

鄞州区龙观乡大路沿节孝碑亭位于龙观乡大路村祠堂东侧，建于清代，为一开间石结构建筑。全高 4.5 米，面宽 2.1 米，进深 1.26 米。亭为歇山顶，筒瓦骑缝，四角翘起，屋脊两端饰有吻兽。檐下正中直竖雕龙匾额，上刻"圣旨"两字，下端栏额有"道光四年十月县学呈章，道光四年十二月各宪具结，道光五年十二月礼部汇题奉旨旌奖"等字样。正方形亭柱四周围筑青石栏杆。柱上刻有对联"一片冰心盟古井，九重丹诏勒穹碑"。石亭正中直立石碑一方，正面刻"钦旌"、"节孝"字样，背面题首为"节孝

图③　慈城孔庙棂星门

图④　象山「钟郝遗徽」石亭

图⑤　鄞州区龙观乡大路沿节孝碑亭

陈门董孺人碑记"。正文述叙其生平事迹，落款为"道光二十九年岁己酉四月世侄崔□□拜撰"。

最典型的二柱一间石坊是位于慈城的恩荣坊，歇山顶，高6米，面阔3.5米，屋面石刻成筒瓦，正脊上有两个鱼形鸱尾。正面上部额枋正中悬一块双龙戏珠匾，匾上直书阴刻"圣旨"二字。下额枋上中间有浮雕双狮舞绣球，两边各浮雕一个龙头。背面上部额枋正中也悬一块双龙戏珠匾，匾上直书阴刻"恩荣"二字，中间额枋横书阴刻"诰封三代"四字，枋北端有标明建坊年代"乾隆丙申岁孟秋月上浣吉旦"的落款，南端直书阴刻"儒林郎候选州同孙向恒升建"一行署名。

该坊由向恒升为其祖父向腾蛟而立。向腾蛟，清顺治十八年进士，历任守备、游击等职，历官三十余年，以年老告归，人称完节，乾隆帝为表彰其功绩，封武骑将军，下旨建坊。

最典型的四柱三间三檐楼石坊是位于余姚市低塘镇黄清堰村的"高风千古"石牌坊，其上檐楼已毁，通面宽8.7米，高6米。明间大额枋上镌刻有"高风千古"四个大字，小额坊上镌刻有"为汉征士子陵严先生立"十字。东西次间雕刻狮子滚绣球及鸟兽

吻兽,是龙所生九子之一,平生好吞,即殿脊的兽头之形。吻兽最早可追溯到周朝,在《三礼图》中的周王城建筑中就有吻兽,最早的正吻图案见于汉代的阙、祠和明器上。中国发现的有明确纪年的最早吻兽是西汉年间所造。

等形状,镂空浮雕,难度较大。整座石坊宏伟壮丽,体现了明代工匠高超的石雕技艺,有着极高的艺术价值。明万历三十二年(1604年),浙江按察使司在重修严子陵先生祠、墓的同时,特重建该坊,以纪念汉代高士严子陵先生。

彩虹坊也是四柱三间三檐楼式石牌坊,位于宁波江东区彩虹北路西段,系清嘉庆二十三年(1818年)清廷为表彰吴明镐妻包氏而立。

吴氏世居江东,经商起家,其开设的吴大茂酱园铺,经几代

苦心经营,传至吴明镐时已名闻甬上。吴明镐早逝,其妻包氏,年轻守寡,抚养出生才6个月的儿子其渊成人,教以攻读诗书,遂成仕人。包氏去世后,吴氏家族为光耀门庭,在吴氏宗祠前建立"节孝坊"。

　　彩虹坊由柱子、额枋、穿插枋、斗栱、雀替等主要物件组成四柱三间楼式牌坊,气势雄伟,古朴庄重。两中柱高约5.7米,两根边柱高4.25米,平面呈八角形。明间字牌阴刻楷书"节孝"二字,额枋之上置有斗栱,采用高浮雕和透雕的雕刻手法,将花草、禽兽和人物故事等图案纹饰分别布设在额枋等物件上,雕刻

图⑧　彩虹路包氏贞节坊

图⑨　海曙区瀛洲接武坊

的图案纹饰十分精致细腻,给人以栩栩如生、活灵活现之感。正楼和左右次楼的鸱尾(正吻)均饰以龙首,正楼脊中间为一圆珠,这便是民间传统的"双龙抢珠"。垂脊的脊兽也都为小龙头,气宇轩昂,威风凛凛,给人以高深莫测、神圣不可侵犯之感。该石牌坊为专家学者研究清代的石构建筑和雕刻艺术提供了重要的实物例证。

瀛洲接武坊位于宁波海曙区月湖柳汀街南侧,三间四柱三檐楼式,额枋上书"瀛洲接武"。此坊体形高大,系明万历三十九年(1611年)巡抚甘士阶等为丙午科姚之光等人所立。

镇海区里新屋石牌楼是宁波地区比较少见的四柱三间柱出头冲天式牌坊,位于与骆驼街道贵驷庙港村里新屋相距10米处的田野上,有二墓,已毁。墓前有两处石牌楼,耸立在800多平方米的范围内。石牌上有部分精细雕刻及造型,据专家现场考证,这批石牌建筑系明代建筑。

迄今为止,宁波已发现年代最早的牌坊是鄞州区庙沟后石牌坊和横省石牌坊,两座牌坊约建于南宋至元代。庙沟后石牌坊位于鄞州东钱湖镇韩岭村,横省南宋绍兴二年(1132年)石牌坊位于鄞州五乡镇横省村。两座牌坊皆为墓道牌坊,所在墓道已毁,墓主无从考证。它们都是二柱一间一楼仿木结构石坊,

均坐东向西。庙沟后石牌坊其上斗栱承托屋面,层层叠叠,向外伸展飞檐翘角,在转角斗栱上使用鸳鸯交颈栱,屋脊上有鸱尾等装饰,它是东钱湖畔保存最完整、建筑艺术价值最高的石雕之一,石料采用鄞州西部产的"梅园石"。横省石牌坊面阔3.03米。其基本结构与庙沟后石坊类同,不同处在于阑额下移,插入柱身,无普拍枋,华栱用插栱,阑额上刻出"七朱八白"式样的长方形凹槽等,石料采用鄞州东钱湖镇的"椅峤石"。

这两座石牌坊是我国木坊向石坊转型时期的重要实例,牌坊发现时间较晚,四周构筑物已荡然无存,有关史书均无记载。我国的石坊脱胎于木坊,这是学术界较为一致的观点,有关专家针对该牌坊的构造特点或建筑特色,与宋《营造法式》进行比较、分析,认为该牌坊的建造年代可以追溯至南宋,仿木构形制较为忠实,无论屋面结构,还是斗栱层的细部处理,都刻意追求木结构的效果,对木结构的模仿,与明清时期建的石坊有很大的区别。且该坊既无柱座,又无夹杆石,表现出明显的木牌坊特点,反映了该坊尚处于木牌坊向石牌坊过渡的一种结构形式。两座牌坊的许多做法与宋《营造法式》中的规定基本吻合,如单栱素枋,转角列栱及使用上昂形斜撑、翼角起翘显著等。它的发现不仅填补了浙东此前无宋代石牌坊的空白,而且在全国也属凤毛

图⑫ 鄞州区横省石牌坊

图⑪ 鄞州区庙沟后石牌坊

麟角,十分珍贵。

(三)宁波古代牌坊的类型及建筑特色

宁波古代石牌坊不仅历史悠久,而且种类齐全,只不过保存下来的数量较少。据调查统计,现存较完整的牌坊建筑有名可稽者仅为30余座,宁波老城内只有6座半,即彩虹路贞节坊、瀛洲接武坊、全祖望墓区中其先祖全少微墓前明代牌坊、白云庄内"明都督万公贞藏"明代石牌坊及两座屠氏牌坊,半个是位于月湖东岸的残存一间的明张尚书坊,其他散布于各县(市)区。这些古代牌坊的类型主要有五种。

第一类是标志坊。如位于江北人民路绿化带上的明屠秉彝故里坊、鄞州区龙观乡四明山坊、奉化市石门坊和宁海西店牌门舒村牌坊等。

第二类是节烈坊。如位于江东彩虹北路的清代包氏贞节坊、象山"钟郝遗徽"石亭、鄞州区龙观乡双节坊、慈城镇尚志路4号的明代刘氏贞节坊等。

图⑭ 慈城刘氏贞节坊

图⑬ 月湖东岸的张尚书坊

第三类为功德坊。如慈城镇的恩荣坊、世恩坊和冬官坊等，余姚市的"高风千古"石坊和谏议坊（余姚城南史家村），宁波市区月湖边的明张尚书坊和瀛洲接武坊等。

第四类为墓道牌坊。此类牌坊在宁波分布最广，数量也最多，如鄞州的史氏牌坊、庙沟后石牌坊，江北人民路的明屠瑜墓道牌坊，原祖关山的墓道牌坊，全祖望墓区中的明代牌坊，以及明丁建嗣牌坊等。

第五类为特殊类型。如慈城孔庙前的棂星门和鄞县县学牌坊式门楼。

宁波古代牌坊采用的建筑材料，一般有石、砖和木三种，其中木牌坊基本没有被保存下来，迄今为止没有发现过，而其他都是以石材建造。由于宁波近海，空气潮湿，又经常有台风灾害，所以位于室外的牌坊，采用木料砖料可能因为耐久性差而毁坏。石结构抗风雨侵蚀能力强，外形厚重，更能突出牌坊对于先人的尊敬，流芳百世。如纪念汉代高士严子陵先生的"高风千古"石牌坊，通面宽8.7米，其最上面有一条近4米长、重约2吨的石梁横过牌坊，寓意国家栋梁。

宁波的古代牌坊多为三间四柱式和一间二柱式。少数是四柱亭式，目前所知全市范围内只有3座，为象山"钟郝遗徽"石亭、鄞州区龙观节孝碑亭和奉化市钦旌节孝碑亭,弥足珍贵。牌坊所采用的建筑样式一般是依建筑物用度、规模和街道宽度而定。比较宽的街道,像宁波柳汀街上的瀛洲接武坊、彩虹北路上的彩虹坊等皆为四柱三间式,在小街巷的则多为二柱一间式,规模相对较小,如屠秉彝先生故里坊,原址就在屠家巷口。宁波古牌坊有檐楼牌坊,也有柱出头冲天式样,檐楼牌坊开间宽度大同小异,檐楼却不尽相同,分别有单檐、重楼、三楼三种,五檐、七檐的没有保存下来,只在一些老照片上能够见到。

宁波古牌坊结构以梁柱为主,檐楼没有很深的出挑和很复杂的斗栱,中规中矩,明代以前一般都简洁大方,清代后逐渐变得繁琐。装饰上普遍以石材雕刻为主,大多采用宁波当地的石料,以鄞州鄞江桥、梅园一带"小溪石"、"梅园石"和余姚大隐所产"大隐石"为主,质地较好,均经开凿加工制成条石、石柱和石梁。宁波石雕工艺和享有盛名的木雕一样,做法也是多种多样,有浮雕、沉雕、圆雕、透雕等;造型活泼浪漫,富有生活场景的气氛,其精细程度有些甚至不亚于木雕。宁波牌坊多采用单层的透雕,每个牌坊上雕刻了与纪念人物有关的故事传说或历史事件,为坊文注解。同时宁波牌坊上也有石狮、石鼓和花卉、祥瑞动物和宗教法器的装饰构件,整个牌坊看起来厚重却又清晰明了。

宁波牌坊的书法艺术品位也是相当高的。牌坊多为私人捐助,但会请当地著名的文人或贤士书写坊名。有谚语曰:"桥顶食炒面,大街看亭字。"各座牌坊的坊文,皆出自名家手笔,美不胜收,令人目不暇接。如聚魁里牌坊,正面刻有"聚魁里"正楷大字,其旁右上分别署"杨守陈,景泰元年浙江乡试第一名"、"杨守阯,成化元年浙江乡试第二名"。背面中间亦刻"聚魁里"坊名,上款分别为"浙江按察使司佥事王平"、"宁波知府李行"、"鄞县知县韩普",下款为"湖广按察司副使杨茂元立,弘治五年

九月吉日"。

　　有些牌坊的立柱上还留存着古代文人墨客题写的对联，如鄞州区龙观大路沿节孝碑亭柱上的刻联。这些刻联的内容或点示环境，或借古喻今，耐人寻味。

【六】

一道飞虹架两岸：古代宁波桥梁

"**载**沙筑成天上路,投虹为桥取孤屿。"这是北宋名相王安石在宁波为官时写下的诗句,描述广袤的浙东大地随处可见的古桥。

宁波地处江南水乡,几千年来,勤劳智慧的宁波人修建了数以千计奇巧壮丽的桥梁,这些桥梁横跨在城镇与山水之间,便利了交通,装点了河山,成为古代文明的标志之一。

在中国古代建筑中,桥梁是一个重要的组成部分。在远古时代,人类只能依靠天然的山岩和横倒的竹木渡过溪河和山谷。古人把桥解析为跨水的梁,而"梁",即是一种架空的构筑件,因此古人又把桥称为"水梁"。

古老的河姆渡人,已能利用独木舟沟通因水对交通的阻隔。按当时已能制造卯榫木结构干栏式建筑的河姆渡人,应该已有最原始的木桥、竹桥或泥石桥。

据有关资料记载,东晋隆安三年(399年),晋将高雅之战孙恩于武胜门外,名城门外的桥为武胜桥。这座位于余姚城内的武胜桥,桥下姚江水直通甬江入海,武胜桥成为浙东最早有确切记载的名桥。

唐宋以降,明州府城(今宁波)已有"三江六塘河、两湖居城中"之说。便利发达的水系格局,客观上造就了宁波居民自古以来"铺桥为路"、"以舟作马"的生活特性。据清光绪《宁郡城河丈尺图志》载,在当时的宁波罗城范围内,即今长春路、灵桥路、和义路、永丰路、望京路围合而成的狭小区域内就有桥梁近160座。岁月流逝,沧海桑田,众多古桥在自然和社会的作用下消失于人们的视野,但仍有一部分古桥经受了时间的考验,依然跨越于山水之间,诉说着历史,发挥着功用。据有关专家自1998年调查至今,宁波境内现遗存的古桥梁有500多座。其中鄞州区

最多，有 130 座；宁海、奉化次之，分别为 123 座、79 座；其余是余姚 48 座，慈溪 33 座，象山 31 座，江北区 22 座，北仑 17 座、镇海 16 座，海曙区 14 座，江东区 2 座。宁波是名副其实的"桥的王国"。

（二）

中国古代的桥梁从结构上可以分为梁桥、拱桥、浮桥和索桥等基本类型。

宁波现存的古桥以梁桥和拱桥为主，浮桥只见于历史记载，如宁波灵桥 70 年前就是浮桥（东津浮桥），曾延续了千年之久。索桥则既不见诸史籍，至今亦未发现实例。

从建筑特色分，宁波古桥有廊桥、石拱桥、梁桥、特殊桥等。

泮池桥是特殊桥的一种，是中国独有的礼制性石桥，严格规定三座一组，桥面平缓，设台阶，拱桥梁桥都可。泮池桥必定设

在古代县级以上的学宫（孔庙）前面的泮池上，联接棂星门和大成门，进入学宫并祭拜孔圣人后官员学子才有资格走过此桥，故文士获得资格进学宫称"入泮"。"泮"字是中国文字中用于学宫泮池的专用字。宁波幸存的泮池桥仅见于慈城、镇海和宁海三地。

梁桥如宁海的戌己桥，共47孔，长达137米，是宁波最长的多孔海涂大桥之一。

始建于宋代的鄞州百梁桥是宁波最长的廊桥，六墩七孔，建有木架，上面覆瓦，既可遮挡太阳，躲避风雨，延缓木料腐烂，延长寿命，又能提供人们歇息之所。百梁桥选址、建筑合乎科学原理，历经数百年，任凭洪水横溢，仍然存留在大江大河之上。

宁波古桥中一部分大跨度的桥梁，建筑结构非常复杂。古人建桥没有条件采用设计图纸，一般都是边搞模型边施工，尽管如此，很多桥梁考虑周全，结构严谨，合乎科学原理，有些桥梁汇集梁、拱、吊几种桥梁类型的长处，精心构思建造而成。例如奉化的福星桥为宁波最大的五孔石拱桥，单中孔跨度达15米，堪称宁波古石拱桥中的技术典范。

奉化萧王庙街道袁家岙村的龙溪上卧渡桥，建于1759年，20世纪20年代重修。桥长24米，宽6.4米，桥上建屋，为单孔

图②　慈城孔庙泮池桥

图③　宁海戌己桥

图④　奉化福星桥及桥面、柱头局部

木梁廊桥。此桥为目前宁波发现的唯一叠梁拱桥，桥拱不用一个桥墩，不用一颗铆钉，以多根梁木巧妙叠压穿插，搭接而成为拱形结构，为中国所独有。

（三）

古桥不仅是一种普遍而又特殊的建筑实体，更是一地历史、乡风、文化的表征。宁波古桥悠久的历史、精湛的技艺、生动的桥文学等，构成了丰富多彩、特色鲜明的古桥文化。

图⑥ 卧渡桥桥拱

图⑤ 奉化萧王庙街道袁家岙村的龙溪上卧渡桥

　　宁波现存最早的古桥之一是西岙惠德桥，桥面南北不设步阶，缓缓拱起，具有宋代桥梁风格的烙印。其与祠堂桥、寺前桥分布在同一条溪流上，位于宁波市宁海县长街镇西岙村，为浙江省内所仅见。

　　惠德桥始建于南宋宝祐年间（1253~1258年），为单孔石拱桥，造型优美，结构精致。桥面总长11.5米，宽4.5米，高3.6米，跨度7.5米。

　　据说，宁海有黄公渡，港宽潮猛，渡船常常被风浪掀覆，当地村民不胜其苦。到了南宋宝祐年间，西岙才俊辈出，人文荟萃，这些文臣武将，为表达自己德惠乡里、泽被后人的心愿，修建了这座桥，并把此桥称为惠德桥。自此，村民祭祖，必过此桥。

　　多少年来，惠德桥一直默默地静卧在西岙溪上，就连刻在券石上的桥名，也是最近几年才被发现的。惠德桥造型优美，不但整体风格浑圆、饱满、流畅，而且其细节更是令人赞叹。桥两边设有工字形的石桥栏8块，每段均以莲花状石望柱相间隔，总共8条。经过了数百年的风雨，其中5条莲柱已是残柱。在专家眼中，这些莲柱与东钱湖南宋史弥远墓前的莲柱并无二致。惠德桥的桥栏末端，以4块抱鼓形桥枕收尾。桥面由弧形石板纵横铺陈，由于地壳运动，已有断裂的痕迹。在北侧锁拱正中，采

·望柱·

古代大型建筑物及桥梁的支撑石栏杆之间的石柱，或古代祭祀的牌、碣、表、标、华表等被称为望柱。望柱有木造和石造两种。望柱分柱身和柱头两部分。柱身的横截面，在宋代多为八边形，清代望柱的柱身横截面多为四方形。望柱头部，常雕饰有龙凤狮猴等动物形象，或草叶花果等植物、几何图案等纹样，形式为圆雕和浮雕，统称为"望柱石雕"。

用双线阴刻的"惠德桥"三字依稀可辨。

惠德桥向人们展现了宋代桥梁的装饰特征和工匠技法的谙熟与精密。桥的两面有4条龙门柱，柱端雕刻着4只宋代风格的小石狮，耳小、眼凸，鼻与上下唇在同一平面上，与宋裕陵的石狮如出一辙。因此，村民又称此桥为四狮桥。狮头朝外两只开口，朝内两只闭口，当地村民说这有镇水避邪之功用。又传说，"开口"是嘱咐外出的人要多做好事，不做坏事，功成名就后要不忘家乡，及时回来；"闭口"意指回家后要守国法，遵俗规，和睦乡邻。还有说法，雕狮头是为了表彰南宋贤臣治水有功。

曾经沧海，桥边的"圭角素云"纹虽已蚀迹斑斑，但依旧历历可数，优美雅致。据考证，"圭角素云"的如意云纹装饰是宋代家具和建筑中常用的底角装饰。惠德桥是继东钱湖首次发现南宋墓前石拱桥后，在宁波再度发现的宋代原构石拱桥遗存，弥足珍贵。

硕果仅存的元代廊屋式桥梁广济桥，位于奉化市江口街道南渡村西北角，始建于宋，元至元二十三年（1286年）重建，明清两代几度重修，但桥墩基本未动。该桥为木石结构四孔廊屋式平桥，东西向横跨于奉化江上，桥长51.68米，宽6.60米，桥面上建筑廊面二十二楹，造型轻巧，远望如飞虹临水。引桥两旁有

图⑧ 广济桥外景

图⑨ 元至元二十三年重建的广济桥桥墩纪年铭文条石

图⑩ 广济桥人字顶廊屋内景

小屋十二间，桥内中间跨空王架梁，阔 3.13 米，两廊各阔 1.8 米，供行人小憩。桥栏板由木板拼成。桥面亦铺设木板，引桥铺青砖，置条石台阶。桥东西两侧又有平屋三间，明间为通道，西侧两次间内立建桥碑、禁约碑及茶碑等六通石碑；东侧一次间为消防用房，置有洋龙一台。桥墩由长条石并列而成，五墩四孔，每墩用条石六根，上下做榫，均有侧脚，柱下部用整块基石固定，上部用锁石（横楣梁）锁住，用来承托木梁。其中桥墩条石上刻有"至元廿三岁在丙戌四月廿九日乙丑甲时重建"等字样。广济桥是宁波仅存的元代廊屋式桥梁，有较高的历史价值。

浙东地区跨度最大的廊桥百梁桥位于鄞州区洞桥镇蕙江村，为省级文保单位。百梁桥是一座廊屋式石墩木梁桥，它建筑科学，结构牢固。全桥六墩七孔，长 77.4 米，宽 8 米。桥墩由长方形巨石叠成，平面前后长 7.8 米、左右宽 1.7 米，砌合平整。桥梁由粗大的杉木等拼排而成，口径达 40~50 厘米，每排 17~18 根不等，总数达 124 根，组成桥梁整体骨架，"百梁桥"之名由此

11

12

而来。桥面用5厘米厚的栗木板铺设而成，设置牢固。桥两边亦为厢廊，设有长凳，供路人休息，且桥边有木护栏以保护行人的安全。桥上建有23间廊屋，每间宽3.4米，立有圆柱88根，方柱44根。屋式为卷棚顶梁架结构，屋顶为双坡，上盖青瓦，下势平缓，避免受震。桥堍为歇山顶门面，立有4条石方柱，梁栋雕刻精巧，悬有黑漆金字桥额，南首为“建桥于宋”，旁立“光溪舆德会记”石碑；北首为“龙眠蕙江”，旁立“奉宪勒石永禁之碑”，均为清时所立。桥屋上原有的龙王殿、三官殿、文武殿、观音殿及土地、财神等神龛，于2002年由当地群众集资恢复。桥北堍原有经幢石塔一座，1956年遭台风袭击而倾圮，现存一节存放于区文管办，其余被天一阁收藏。

古桥中造型最精美的当属白云桥。该桥位于余姚鹿亭乡中村，初建于唐贞观年间（627~649年），以后历有毁建，现存之桥重建于清光绪十六年（1890年）。其造型和建筑风格都别具特色。

白云桥是座陡拱式单孔石桥，桥北是余鄞公路，桥西为高耸的牛山，距仙圣庙仅50米左右。白云桥全长25.3米，桥基高1.1米，桥面宽3.8米，桥孔净跨12.65米，拱矢高度6.6米，桥北石阶22级，桥南石阶24级。整座造型仿佛一条彩虹轻盈地横跨

图⑪ 百梁桥外景

图⑫ 百梁桥卷棚顶廊屋内景

在大溪上。

白云桥的造型、装饰和雕刻富有艺术性。石桥又高又窄，两边山峦高耸，桥下深涧激流，恰似一座空中走廊，凌空飞架，雄奇突兀，颇具虹贯白水之势。桥面两侧共有十六根望柱，中间四根顶上雕塑了栩栩如生的雌雄狮首石像，精致秀丽，真是巧夺天工。桥孔两侧边墙上均镌有桥联，西联："地界鄞余，二韭三菁歌利济；村连龚郑，千秋万载庆安澜。"东联："白水跨虹腰，路通南北；云村留月影，界画鄞余。"桥顶拱板外侧横镌"白云桥"三个大字，右角镌有"光绪庚寅"（1890 年）小字。拱圈为纵联合节并列砌成，望柱间施石拱板。

与白云桥相联又有一桥，名曰踏步桥。白云桥南端溪中地势较高处，按常人步幅敷设一个个石磴，形成一线，可踩蹬而

图⑬ 白云桥

图⑭ 白云桥桥券

图⑮ 白云桥望柱

图⑯ 白云桥吸水兽

追飞虹架两岸·古代宁波桥梁

097

行,这是山区溪中常见的一种原始石桥,远远望去好像一只只露出水面的乌龟背,故称其"鼋鼍"。踏步桥连接白云桥和溪南岸。古代的能工巧匠采用了陡拱石桥和踏步桥相结合的方法,大幅度缩小了拱圈的跨度,既省工省料,又利于排洪。

通济桥与舜江楼毗邻耸立,为余姚城的重要标志性建筑,也是余姚城垣城楼残存的遗迹,反映了余姚双城格局及姚江对城市发展的影响。

通济桥始建于北宋庆历八年(1048年),初名德惠桥。经四毁四建,元至顺三年(1332年)改筑石桥,更名为通济桥。现存桥梁为雍正九年(1731年)重建,为陡拱式三孔二墩石桥,体势庞大,有"浙东第一桥"之称。

【七】

中国古代城市仓储第一库：
宁波永丰库遗址

在宁波繁华的中山西路上，从解放路口到西门口不到 2 公里的路程，人们一路走过，可以欣赏到从唐代宁波建城以来的各代历史遗迹：唐天宁寺塔、元永丰库、兴盛于宋的月湖、明范宅、清鼓楼等，仿佛走入宁波城市发展的时间隧道。其中的元永丰库遗址就位于这条隧道的起点。

登上鼓楼，永丰库遗址一览无余。遗址中元代甬道、柱础、断墙、排水沟等建筑遗存，告诉人们曾有一大片建筑矗立在这里。透过历史的迷雾，人们尽可以想象，元时的宁波，作为海上丝绸之路的启航地和大运河出海口，当年的官家仓库里该是一派多么繁忙而又紧张的景象。

宁波（明州）城始建于唐长庆元年（821 年），位于余姚江、奉化江和甬江交汇处，是一座很小的子城。它是当时刺史韩察主持建筑的，是官府的办事机构驻地，是唐代明州政治、经济、文化的中心。子城周长 420 丈，四面环水，东起今天的蔡家弄，南到中山路，西沿呼童街，北到中山公园的大门。子城虽小，却是一座比较完整的城池，有城墙、城门和护城河。现在宁波的鼓楼，就是子城的南城门。子城的城墙在元兵占领宁波时被拆除，后来就没有复建。

子城外面的罗城则是明州刺史黄晟在唐景福元年（892 年）建造的。罗城周长 2527 丈，按照明州的自然水系规划设置，呈梨形。北面沿姚江、东面沿奉化江筑城墙，西、南两面沿运河而筑城。据考古推算，罗城的城门可能有 10 个。罗城与子城相比，面积至少扩大了 20 倍，城市规模大为扩展，从而奠定了古代宁波城市的空间形态。罗城建成后，在漫长的岁月里几度毁损、几度修葺，直到 1931 年秋天被最后拆除。

子城是内城，罗城是外城。考察宁波早期的内外两城，既可以发现其所体现的中国古代城市的基本建设原则，又可看到鲜明的地域特征。

　　子城为政治区，作为衙署办公和州官居住之地；子城以外
罗城以内为居民区和商业区，是老百姓的生活区域。由此，子
城所在的官署衙门受到了极大的尊崇与保护。同时，鼓楼作为
罗城的坐标原点，它的上部北城，是所有行政衙署的所在地，它
的下部南城，则是平民军队所处的地方；它的左部东城，集中着
所有热闹的街道、集市与公共神庙，它的右部西城，较多书院庠
学，成了宁波的文献之地与教育之邦。这些，在规划思想上，体
现了"筑城以卫君，造郭以守民"，"左祖右社，面朝后市"[1]等意
识形态的某种特征。

　　元永丰库遗址就位于宁波子城鼓楼旁，这一地块从宋延续
至明代均为重要的仓库所在地。据史料记载，南宋庆元元年
（1195年），改明州为庆元府，并于子城内设"常平仓"，"以藉米
麦"[2]。元时改为"永丰库"，"差设官攒，收纳各名项断设赃罚钞

[1] 罗哲文编：《中国古代建筑》，上海古籍出版社，1990年版，第112页。
[2] 宋《宝庆四明志》，卷三，仓场库务院坊。

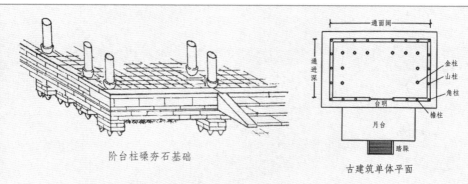

通面阔

通进深

金柱
山柱
角柱
台明
檐柱
月台
踏跺

阶台柱碛夯石基础

古建筑单体平面

台基,又称基座,为保证建筑物建成后不会沉降塌陷,就需要在建造房屋前先制作一个平整坚硬的基础,称为台基。中国古代建筑台基主要有两种类型:土质台基和石质台基。其中,土质台基最为普遍。因此,建筑时,通常需要大量土木材料,"大兴土木"、"土木工程"等词即由此而来。

及诸色课程,每季解省"[1]。明洪武三年(1370年)更名为"宏济库","出纳库四座,以'文行忠信'字为号"。由此看来,这里是宋元明三朝古仓相互叠压的地方。2001年9月和2002年3月,宁波市文物考古研究所对遗址进行了两次抢救性发掘,最终发现两处单体建筑基址,其中有砖砌甬道、庭院、排水设施、水井,以及其他元代文物。

在发掘现场,文化堆积层位关系复杂,叠压年代从汉代、两晋、唐宋元明清直至近现代。发掘中,出土规模最大的遗迹是1300多平方米的长方形大台基,保存最完整的1号单体建筑基址叠压其上,在1号基址上还清理出叠压并利用其作为基础的另一晚期建筑遗迹,全部用暗红色块石垒砌而成,初步断定为明代的宏济库。

中国考古学会理事长、著名考古学家徐苹芳,中国工程院院士、著名古建筑学家傅熹年等人认为,永丰库遗址作为迄今国内发现的最大元代单体建筑遗址(因元代仅98年历史,遗留很少),它独一无二的构造,成了我国新发现的唯一古建筑构造实例。在我国众多的各级文物保护单位中,能反映南方元代文化

图②
永丰库遗址考古发掘场景

图③
永丰库遗址水沟

图④
遗址出土的方槽基石

[1] 元《延祐四明志》,卷八,公宇。

的文保单位极少,该遗址不仅是宁波市唯一一处元代建筑遗址群,而且如此大规模的仓库遗址在全国也是首次发现,它填补了我国元代文物考古的一项空缺,对中国古建筑史的研究具有十分重要的意义。

永丰库遗址墙基长56米,宽16.7米,总占地面积940平方米,四周墙体筑法奇特:墙体底部紧密排列着中间凿孔的方形块石,组成一个长方形的建筑基础,这种类型的古建筑构造此前在我国还从没发现过。如此大规模的单体建筑在全国唐代以后

的考古发现中也绝无仅有。

　　遗址房基中间有三道南北朝向的隔墙把建筑分成四大间，每大间中还用几块方孔石较有规律排列，以梁架区分为三小间。四周墙体皆以方孔石居中，据推测，每个方孔石上应立有结构木柱，紧密排列，两侧有包砖墙，墙体内填碎砖瓦和土，墙体厚1.2~1.4米，没有发现承重柱，故墙体具有承重功能。这种建筑结构文献上有记载，但实物例证此前从未有发现。因此，这是一个国内外新发现的建筑构造实例，对中国建筑史的研究具有极其重要的价值。

　　除两处房基外，遗址中还揭露出东西长62米、南北宽约21米的砖砌长方形台基，在西北部出土了长29米以上、宽6米的砖砌大道，总长118米的砖砌明水沟，占地面积约830平方米的砖砌庭院以及水井、护城河等，组成了彼此有内在联系、布局相对完整的宋元时期的衙署机构建筑区，这是宁波在历史文化名城核心区中发现的布局最完整的古代遗址。

　　在仓库里，还有很多未解之谜。比如方槽的功能，若是用于立木柱或石柱，方槽内填土中并没有木屑痕迹；整个遗址中也没有任何遗弃的木柱或石柱构件出土。再一个是双数开间问题。虽然在中国的早期建筑中有一些双开间建筑的记载和实例，

图⑦　永丰库遗址元代水井

图⑥　永丰库遗址砖砌甬道

图⑤　永丰库遗址墙体复原

但到了隋唐以后，特别是在官式建筑中，基本由三、五、七、九开间，乃至更多的奇数开间格局一统天下，而遗址中一处单体建筑基址却是四大开间。另外，地面部分如何复原？门窗开在何处？虽然研究者做了一些复原的设想，但学术界至今尚无定论。

在清理遗迹时还发现了大量出土文物，最多的是瓷片，还有少量唐宋钱币。出土瓷器中，汇集了宋元时期著名的六大窑系中五大窑系的产品，福建产的一种影青瓷和白瓷瓷片，在数量上占了一半多，另有珍贵的唐代波斯孔雀蓝釉陶片，这使得宁波成为继福州、扬州之后我国第三个发现此类陶片的城市。这里也可能是"海上陶瓷之路"外销陶瓷的集结地，再次续写了"无宁不成市"的东方神话。

仓库遗址中还发掘出了一方唐代私印"文房之印"和两块元代残碑。碑文中写有宁波都府元帅"苫思丁""元帅府"等字样。经查史籍得知，当时元代将中国人分成蒙古人、色目人、汉人、南人四等，苫思丁为色目人。色目人为帅，统治当时属"南人"区域的宁波，符合当时的历史现实。而唐代私印的出土，证实了宁波在当时已然读书成风、名士辈出的历史。

图⑨　永丰库遗址出土的东晋盘口壶

图⑧　永丰库遗址出土的文房之印

【八】

浙江明代建筑之冠：慈城明代建筑群

慈城位于宁波市区西北面30公里，其地三方环山，南面平川。相传2500年前的春秋时期，越王勾践为了向后代子孙表彰自己灭吴封伯的功绩，在今天慈城西南王家坝的地方建了一座城，史称"句余"或"句章"。到了唐开元二十六年（738年），采访使齐澣向朝廷奏请，划越州东部的区域另设明州（宁波），而明州下面原句章故地置为一县，朝廷委派名相房玄龄的孙子房琯为首任县令。房县令踏遍句章的山山水水，选择九龙戏珠的慈城之地，作为风水宝地迁建县治。这座县城比三江口的明州府城的建造要早80余年。当房琯登上城北的浮碧山，眺望东北阚峰下巍峨耸立的董孝子祠时，不禁为董黯（汉代名儒董仲舒六世孙）"汲水奉母"的事迹所感动，就把县名句章改为"慈溪"。慈城历1200多年皆为慈溪县治，至1954年才因行政区划变更，成为慈城镇。

在慈城这座千年古城中，留存至今的古县衙、考棚、孔庙，彰显着它作为千年县治的尊荣；散落城内随处可见的古牌坊、古桥、世家宅第，诉说着慈城人诗书传家的传统。唐宋以来，慈城以534名进士、5名状元，近10名榜眼、探花、会元以及1200多名举人而成为名副其实的科举名城。特别是在明代，慈城人才辈出，慈城（慈溪）与鄞县、余姚构成了科举的"金三县"，在全省3458名进士中占有902人，占四分之一。明正德九年（1514年）的殿试中，慈城（慈溪）同科登第有9人，占全省进士的六分之一，县人为之建"九凤联飞"坊以志纪念。这些名人或仕宦，或世居慈城，或辞官还乡，都曾先后营建颇具地方特色的府第宅院，流传至今，构成了今日慈城最具特色的建筑文化。

走进慈城，过街穿巷，延续千余年的历史文脉，随处可见。镇内已经列入文保单位、文物点的历史古迹有近百处。其中的明代民居就是其精华所在。经初步调查认定，按营建年代顺序排列，有明早期的大耐堂、莫骓马宅，嘉靖时期的姚镆故居、甲第

图① 大耐堂外景

世家、福字门头、冯岳彩绘台门、布政房，明末清初的桂花厅等。

　　建筑是凝固的历史，是历史的物质留存，也是一个民族价值观念、审美情趣、科学水平的集中体现，但由于朝代的更迭，兵火的蔓延，最难保存的也是建筑，特别是木结构为主的建筑，在我国其他地方很难找到成片的保存完好的明代建筑群。而慈城，在一个面积不到 4 平方公里的区域内，竟保留了如此之多的明代民居，在国内实为罕见，成为专家学者络绎不绝考察的明代建筑历史标本。

明代建筑的历史标本

1. 明代早期厅堂建筑的典型 —— 大耐堂和莫驸马宅

　　大耐堂位于慈城三民路 5 号，其大门早已毁。据记载，大耐堂的大门，坐北朝南，门的两边置有一对抱鼓石，左边有一石凳，门的上方有四根圆木门档。门档上方置有一匾，上书有"甬东名阀"四字，门内又有一匾，书有"诰封三代"字样。

　　大耐堂为慈城向家旧宅。据宗谱所载，"大耐堂"之名始

庑殿顶,即庑殿式屋顶,由于屋顶有四面斜坡,又略微向内凹陷形成弧度,故又常称为"四阿顶",宋代称"庑殿",清代称"庑殿"或"五脊殿"。在中国是各屋顶样式中等级最高的,高于歇山式。明清时只有皇家和孔子殿堂才可以使用。部分见于佛寺建筑。

自宋代。向家宗谱引《宋史·向敏中传》说:"天禧初加吏部尚书……帝曰向敏中大耐官职。"意为向敏中宠辱不惊,耐得住寂寞和升赏。至宋徽宗时御笔"大耐堂"巨匾,大耐堂之名由此而来。

据《宋史》记载,宋神宗赵顼(1067~1085年在位)的"向皇后",就是向敏中的曾孙女。民间传说,向皇后没有生育儿子,将向家小妾以随嫁娘姨带进宫,已有孕,生下儿子,称为向皇后所生,即为赵佶。神宗死后,高太后扶持哲宗继位。哲宗英年早逝无嗣,向太后力主赵佶继位,为宋徽宗。宋徽宗本姓向,是向敏中曾孙。宋徽宗登基后,赐建大耐堂,书巨匾,以谢向家。徽宗尊封向太后为"宪肃太皇太后",并上封三代(向敏中为燕王、向传亮为周王,向经为吴王)。

现存大耐堂坐北朝南三开间,穿斗梁架木结构厅堂,通面阔13.87米,进深11界,共五檩,建筑高大雄伟。其柱头和部分梁架上都有斗栱,平身科明间四攒,一斗六升。雕花的驼峰、透雕花纹雀替、明快云纹梁头,柱础分鼓式和棱形两种,隔墙以芦苇作芯,外抹谷壳拌泥,十足的明代早期厅堂建筑式样。东侧尚保存着庑殿顶厢房。厅堂原悬有明代天顺间"大耐堂"及其他各种匾额十余块,后毁。

慈城历史上出过三个驸马，莫驸马即其中之一。

莫驸马，据传是从余姚迁到慈城，东西莫家巷皆为旧址。考《余姚县志》，莫叔光在宋绍熙年间（1190~1194年）官居中书舍人，其侄子纯，庆元丙辰年（1196年）中状元，被当时的宁宗皇帝赵扩招为女婿，因此被称为状元驸马，这条莫家巷就是他们世代居住的地方。

现存的莫驸马宅坐落在慈城莫家巷25号，为明代建筑，主体房屋还很完整，正堂为五间二弄，用十一檩，面阔20.6米，进深12.4米，檐柱小抹角梭形柱础，中柱上端施十字科，余用平盘斗，柱间或单步梁，或以单步梁、童柱、双步组合，前柱用小八角柱，丁头栱近似蝉肚式雀替。明间为泥地，次梢间为地板，上饰薄天花板，明间之前第二、三界，双步梁下均有五扇门板，以通次间，这是与大耐堂不同之处，在第二柱后有六扇板门。后天井中还有一小花坊。

莫驸马宅的建筑特色是许多柱子落地，称为"柱柱上"，取吉祥之意。主楼楼弄与前面的东西厢房走廊贯通，走廊南头又各有小月洞门通前面房屋，从总面图上看，该宅院落类似于"走马雀替是中国古建筑的特色构件之一。宋代称"角替"，清代称为"雀替"，又称为"插角"或"托木"。通常被置于建筑的横材（梁、枋）与竖材（柱）相交处，作用是缩短梁枋的净跨度从而增强梁枋的荷载力，减少梁与柱相接处的向下剪力，防止横竖构材间的角度倾斜。其制作材料由该建筑所用的主要建材所决定，如木建筑上用木雀替，石建筑上用石雀替。

楼"，不管刮风下雨都可在室内四面行走。

2. 最精美的明代木构建筑 —— 冯岳彩绘台门

宁波有部出名的传统戏剧《三娘教子》，说的就是彩绘台门主人冯岳与其后娘的故事。

冯岳之所以能长大成人、学业有成并做官，与他的养母三娘分不开。据说，冯岳年幼时，误传其父客死在异乡，其母因伤心早亡，年幼的冯岳就由三娘（其父的小妾）抚养成人。宁波俗语："六月的日头，后娘的拳头。"而冯岳的后娘却慈爱胜似亲娘，勉励其发奋读书，直到高中进士。现在冯岳故居旁还留存有一口明代的三娘井。

台门，在古代不仅仅是宅子的遮挡物，更是一种身份的象征。彩绘台门的建造，要经过严格的审核，由皇帝直接下令敕封，并委派工部中的木匠、泥匠建造，可谓荣归故里，羡煞旁人。

冯岳，字望之，慈溪人，嘉靖五年（1526年）进士，历官南京工部主事、刑部员外郎、顺天府尹、督察院右都御使、南京刑部尚书等，年逾六十辞官还乡。冯岳历经嘉靖、隆庆、万历三朝，赐匾"三朝伟望"。因其完节而归，告老还乡，当时的万历帝钦赐一座

图⑤ 冯岳彩绘台门斗栱及梁枋

图⑥ 冯岳彩绘台门精美的后双步梁

彩绘大门给冯岳,建完节坊。

台门位于太湖路完节坊里2号,坐北朝南,五开间,三明二暗,通面阔13.16米,通进深7.05米,脊檩高5.8米,前出檐1.4米,后出檐1.12米,前后皆用飞椽,硬山式屋顶,梁架有中柱,用单步梁和双步梁,双步梁上立斗,开十字科,承单步梁,各柱头皆施方斗,做出十字科,横向多为重栱,梁下皆有丁头栱,前三为桁,后四为檩。梢间之前有八子墙,上端砌出斗栱雀替状,用方形磨砖斜砌,下为石须弥座。部分斗栱、柱上还有龙、凤、麒麟、灵芝、

如意等透雕木刻。所有梁、柱、枋、额、斗栱上都有粉彩的"孔雀牡丹""鹤""荷花叶"等图案，其彩绘的精美，在国内亦属罕见，弥足珍贵。

3. 最荣耀的明代建筑 —— 甲第世家

说起"甲第世家"名字的来历，要追溯到明嘉靖年间（1522~1566 年）。据《慈溪县志》记载，宅主人为钱照，嘉靖七年中举，十一年中进士，官至金事。其子钱维垣，诸生，事祖父至孝。孙钱文荐为明万历三十五年进士。他的后人又有数人登第。为此，钱宅被称为"甲第世家"。原台门内曾有文徵明题的"甲第世家"匾，后被毁。

如果说钱照一门三代甲第登科成为读书人的典范，那独特风格的建筑则构成深宅大院的另一道风景。

该宅坐北朝南，整个古宅占地面积 1863 平方米，建筑面积 1360 平方米。平面布局为纵长方形，东与福字门头接邻，中轴线上的主体建筑有前后二进。由台门、二门、前厅、后厅及左右厢房组成。台门设在东南角，为砖木结构。前厅五开间，明间用六架梁，梁柱粗壮，横截面呈椭圆形，脊瓜柱和童柱裙瓣呈圆舌

形，柱有卷杀，次间双步梁上用两个童柱支撑前后上金檩。所有柱头和后中金柱柱头上方有斗栱，前厅与后厅均为单檐硬山式，左右厢房的南端各建有一庑殿顶翼楼与厢房联结。

其中最特殊之处，是斗栱护斗作成方斗圆角，即宋《营造法式》中所谓的"靴斗"，与宁波宋代保国寺大殿和浙江武义县元代延福寺斗栱之间有明显的承袭关系。该宅从平面布局到建筑形式都具有明代民宅建筑的特点，又有一丝唐宋建筑的遗风，是

图
⑩
甲第世家前厅明次间梁栿

图
⑨
甲第世家照壁

图
⑧
甲第世家入口台门

众多专家、学者研究明代住宅建筑时所必须参考的典型建筑。

4. 其他明代建筑

称得上明代建筑历史标本的还有福字门头、姚镆故居、刘家祠堂、桂花厅、布政房和冯宅等。

"福字门头"原为明万历湖广布政使冯叔吉宅第，历经明、清、民国等几个时代，看上去已经有些破落，杂草已经爬上墙头，但依稀中仍然留有当年的影子，仿佛在时间的长河中诉说着历史。冯叔吉在明嘉靖三十年中进士，购买这所宅院后加建围墙，在原来的二门前增加了一个照壁，外面增设了大门，照壁上端起初透雕着"福"字（今已毁），这就是"福字门头"名称的由来。

环顾整个院落，二门已经不存在了，只有照壁、大门、前厅、中厅、左右厢房和后楼。建筑面积1086平方米，占地面积1089平方米，布局呈长方形。

图⑪ 福字门头照壁

图⑫ 福字门头东梢间前水池

漫步其中，古朴的人文气息扑面而来。或许当年的冯叔吉颇受北京四合院的启发，整个布局与北方民宅非常相像。对于整个"福字门头"颇具象征意义的照壁，为砖石结构，坐南面北，它的下部石雕基座保持完整，属于须弥座，还刻着清晰可见的草纹。古代的照壁的作用具有多重性：装饰点缀、昭示身份、象征权力富贵、遮挡视线等。此处的照壁，一方面起着平衡整个建筑布局的作用，入门即有遮挡物，符合中国古代建筑学的特点，同时反映了中国古人含蓄内敛的东方特征。另一方面原来照壁上的"福"字，则蕴含着主人希望宅院能带给自己家族好福气的期盼。

除了完好的照壁，小青瓦单檐硬山顶的前厅颇具明代建筑风格，五开间，三明二暗，明间前檐柱小八抹角，下为方形柱础，其余柱础皆为扁珠形，柱头有明显卷杀。抬梁式结构以单步梁、童柱、双步梁方式组合，梁栿间隙用芦苇为芯，谷壳拌泥抹裹。

姚镆故居已失去了原有的规模，现存后进三间二弄楼屋重檐，用九檩，用材粗壮，中柱顶端置十字科，檐柱小抹角，梭形柱础，其余为鼓形柱础，隔墙以编竹为芯，外抹谷壳拌泥。

姚镆（1465~1538 年），字英之，慈溪人。弘治六年进士。初为礼部主事，进员外郎，擢广西提学金事。子涞，字维东，嘉靖二

图⑬ 姚镆故居外立面

年殿试第一,授翰林修撰。曾召修《明伦大典》,恳辞不与。累官
侍读学士。

刘家祠堂和桂花厅所在地一带在明代为刘氏聚族而居之
处,刘氏原是慈溪邑内大族,其祖先为南宋太常寺丞刘勉,父纯
庵。子孙四世一门,人丁十分兴旺。据《慈溪县志》记载,宋朝
刘勉之居名为世彩堂,因刘氏先世以诗书簪绂相承数百年,在他
90岁寿诞时,邑大夫称其堂曰"世彩堂"。刘氏原藏有宋代"世
彩堂"匾额,后毁。

刘家祠堂建于明代,是刘勉后裔的宗祠。现存三开间的厅
堂一座,平面布局为横长方形硬山造,梁架高大进深九界,用十
檩,明间抬梁式,施五架梁,下施顶头栱,平身科,明间三攒,次间
二攒,童柱下缘呈圆舌形,鼓形柱础,东北角山墙边砌有明嘉靖
九年"遵奉宪示永保祀产并免值役碑记"一方。此祠是宁波较
早的明代祠堂建筑之一。

桂花厅于明万历四十八年(1620年)重修,因大门口原有
"联桂坊",屋旁山地种植桂花树,加上宅主人喜欢品桂吟诗,故
称桂花厅。

此宅为四合院,硬山式,大门朝南,布局为倒屋、前厅、中
堂、后楼、左右厢房,后有一井、一池,倒房之东侧、东厢房之南方
为台门,前原有石狮一对,台门正北有一照壁,今台门、前厅照壁
已毁,后楼及西厢房也有不同程度的更动,唯中堂保存了原貌。
中堂面阔三间,前檐柱为小八角形柱头,施十字科,梲形柱础。
梁下用丁头栱,隔墙均以芦苇、木条为芯,外抹谷壳拌泥。后檐
还残留有数块有平行锯齿状纹的瓦当,极具明代建筑风格。

慈城明代建筑营造特色

中国住宅遗构至今所知的最早实物只有明代的。明朝是

在元末农民大起义的基础上建立起来的汉族地主阶级政权,明初,明政权为了巩固其统治,实施了多种发展生产的措施,建筑技术也有了进步。考察慈城的明代建筑,我们可以归纳出以下几方面明代建筑的特征。

第一,砖已普遍用于民居砌墙。元代之前,虽有砖塔、砖墓、水道砖拱等,但木架建筑均以土墙为主,砖仅用于铺地、砌筑台基与墙基等处。明以后才普遍采用砖墙。由于明代大量应用空斗墙,从而节省了用砖量,推动了砖墙的普及。砖墙的普及又为硬山建筑的发展创造了条件。明代,砖的质量和加工技术都有提高。例如,冯岳彩绘台门梢间之前有八字形磨砖墙,每边斜长2.4米,上端砌出单斗栱雀替状,用方形磨砖斜砌,可以看出,明代"砖细"("砖作细做"的简称,即用刨子加工砖面及线条,可得到极为平直的效果)和砖雕加工技术已很娴熟。

第二,木结构方面,经过元代的简化,到明代形成了新的定型的本构架:斗栱的结构作用减小,梁柱构架的整体性加强,构件卷杀简化。这些趋向虽已在某些元代建筑中出现,但没能像明代那样普遍化和定型化。柱头上的斗栱不再有宋代建筑上那样重要的结构作用,原来作为斜梁用的昂,也成为纯装饰性的构件。因此,明代官式建筑形成一种与宋代不同的特色,形象较为严谨稳重,但不及唐宋的舒展开朗。由于各地民间建筑普遍发展,技术水平相应提高,从而出现了木工行业的术书《鲁班营造正式》,记录了明代民间房舍、家具等方面一些有价值的资料。例如甲第世家的斗栱失去了结构性功能,仅仅是作为宅第规格、等级的标志,以致对清代民居产生了很大影响。

第三,住宅在古代不仅是居住场所,还被视为宅主身份的标志。早期明代建筑的开间、进深受明初对百官宅第规格限制的痕迹比较明显,官员造宅不许用歇山及重檐屋顶,不许用重栱及藻井。这些限制在宋代原是针对庶民的,如今已针对品官了,这就意味着除皇家成员外，不论你官位多高，住宅都不能用歇山顶，只能用"两厦"（悬山、硬山）。此外，又把公侯和官员的住宅分为四个级别，从大门与厅堂的间数、进深以及油漆色彩等方面加以严格限制。例如，明代早期厅堂建筑大耐堂建筑高大雄伟，但开间按当时规定最多也只能为三开间。

第四，建筑细节方面，如柱础，有鼓式和毡帽式两种，前者最大腹径在二分之一以下；后者粗矮，沿位于中下部，上为圆柱形，下部稍外鼓。与清代不同的是，明代柱础沿口上皮用弧线过渡到上部，而清式采用折线，质地多系红石。梁架的隔断多用苇秆、细竹片为内芯，外抹谷壳烂泥，俗称泥壁墙。天井用厚重的条石铺设，而厅堂地面多为夯实的三合土，牢固耐用。

徜徉于慈城的明代建筑群中，人们会发现，尽管有些建筑的台门、厢房、后楼今天已有改动或拆并，但作为宅第主要建筑的大厅却全为明代原构。这为人们研究这些建筑的演变提供了一些线索。厅堂一般是作为一个家庭迎来送往、聚集议事和祭拜天地祖宗的重要场所，是维系一个家庭绵延繁盛的象征，所以人们对祖宗传下来的"老屋"采取慎重的态度，不轻易改建，并努力为之增光添彩。如北宋真宗宰辅向敏中的后代迁居慈城后营建的大耐堂，到新中国成立初期仍挂有十六七块匾额，其中最早的一块"大耐堂"系明代天顺年间遗物。另外，厅堂本身在营建中，严格按照明代规制精心设计，选料、用材和装饰等也都极为考究，不易遭到人为和自然的破坏。宁波城区的大方岳第、范宅等明代民居，也有类似情况。这就是这些民居历经四五百年风雨沧桑仍能保存下来的主要原因。

【九】

书院千载

仪门，在古代称为桓门，汉代府县治所两旁各筑一桓，后二桓之间加木为门，曰桓门。宋时避钦宗名讳，改称为仪门，即礼仪之门。明清官署、邸宅大门内的第二重正门。

抱鼓石一般是指位于宅门入口、形似圆鼓的两块人工雕琢的石制构件，因为它有一个犹如抱鼓的形态承托于石座之上，故此得名。在封建等级的年代，无功名者门前是不可立"鼓"的。倘若要装点门脸，显示富有，也可以把门枕石起得像抱鼓石那样高，但只是傍于门前的装饰性部分要取方形，区别于"鼓"，无论多高都称"墩"，称门墩石。

宁波历史中那缕不绝的书香，吸引着我们推开古代书院那扇沉沉的大门。

中国的书院起源于唐代。清袁枚《随园随笔》中说："书院之名，起于唐玄宗时，丽正书院、集贤书院皆建于朝省。"其最初职能是修书与校书。而具有教育功能的书院则出现在唐末五代，它是私人聚书讲学的重要活动场所。据《宁波市志》记载，宁波历史上最早的书院是唐大中四年（850年）象山县令杨弘正于县城西北蓬莱山麓栖霞观内设的蓬莱书院。书院主讲儒学经典，有学田作经费。

宋代是宁波书院大发展时期。北宋"庆历五先生"杨适、杜醇、王致、王说、楼郁等人曾设立书院，讲授经史。较有名的有楼郁的正议楼公讲舍、由宋神宗赐额的王说的桃源书院等。

南宋明州"淳熙四先生"舒璘、沈焕、杨简、袁燮继承陆九渊学说，与高闶等人形成四明学派，聚于明州，设院讲学。较有名的有竹洲三先生书院、杨文元公书院、城南书院等。

明清两代，宁波学术史上的姚江文化和浙东文化大放异彩，其中以王阳明和黄宗羲为代表，他们在各地书院设课讲学。明代较有名的书院有中天阁、姚江书院、镜川书院等；清时有甬上证人书院、月湖书院、育才书院等。

图① 阳明讲学处——中天阁

清末光绪年间，还出现了由外国传教士在甬城创办的书院，如孝闻街上有三一书院，江北岸外滩有斐迪书院，江东张斌桥附近有华英书院等。

据有关资料统计，自唐以来，甬上出现的书院有名可稽查者达 100 多座，为省内授书讲学中心之一。时至今日，大部分书院建筑历经风雨，已不复存在，保存下来的只有中天阁（王阳明讲学处）、甬上证人书院（白云庄）、育英书院、金山书院和球山书院碑记及碑石遗物等。

其中，阳明讲学处和甬上证人书院最有名。

在余姚城内的龙泉山上，有王阳明先生的讲学处 —— 中天阁。中天阁始建于五代，明代时属于龙泉寺的一部分。王阳明曾数次在这里讲学，史籍有明确记载的就有两次：一次是在明正德十六年（1521 年），王阳明归姚省祖茔时由弟子钱德洪等70 余人迎上中天阁讲学；另一次是明嘉靖四年（1525 年），"定会于龙泉寺之中天阁，每月以朔望、初八、廿三为期"，学生最多时达 300 余人。王阳明还为学生订立学规《中天阁勉诸生》，并亲自书壁，以告诫、勉励学生。王阳明 57 岁那年，在广西袭破八寨断藤峡后，病情严重时还写信"问及余姚龙山之讲"，可见先生与中天阁的关系非同一般。中天阁后毁于战火。清乾隆二十四

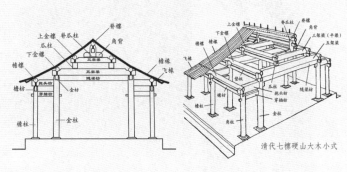

抬梁式结构，是指在立柱上架梁，梁上又抬梁，也称叠梁式。使用范围广，在宫殿、庙宇、寺院等大型建筑中普遍采用，更为皇家建筑所选，是我国木构架建筑的代表。

清代七檩硬山大木小式

年（1759年），余姚县令刘长城在此建龙山书院，每岁延师课士，楼上设王阳明神位，楼下为童生学习场所。

现存的中天阁为清光绪五年（1879年）重建，1985年经过维修，是余姚市级文保单位。跨入中天阁正厅，正中挂一幅王阳明先生的画像，广额高颧，清癯严肃。正是这位哲人，冲破了弊病百出、凝固僵化的朱熹理学，以"致良知"的哲学命题超越了前贤，把"心学"发展到了最高境界。

甬上证人书院位于宁波城西的白云庄内，是一幢青砖黑墙、古朴庄重的古建筑，这里曾是明末清初儒学大师黄宗羲的讲学之地。

白云庄原为明末户部主事万泰的庄园，后因其子万斯选著有《白云集》，人称"白云先生"而得名。穿过仪门，就来到了黄宗羲讲学之所。前进堂前壁上有梨洲先生的画像。先生头戴儒巾，侧身而坐，凝视着远方，似乎在思考着什么。堂上还保留着八把座椅，与茶几、八仙桌、供台组成一体，窗外有修竹摇曳，翰墨书香中仿佛传来那声声入耳的风声、雨声、读书声。后进现辟为黄宗羲生平史迹陈列室，述说着一代大师坎坷而又卓越的一生。

黄宗羲字太冲、号南雷，世称梨洲先生。他是清初浙东学派

图②　白云庄大门，门额由沙孟海题写

图③　白云庄内月洞门

图④　甬上证人书院黄宗羲讲学蜡像

的代表人物。清康熙六年（1667年），黄宗羲重开绍兴"证人书院"。"证人书院"原系山阴（绍兴）学者刘宗周在蕺山讲学时所创立。宗羲年轻时曾从学于宗周。明亡，宗周绝食而逝，先生继承其遗志。康熙七年（1668年），他应甬上友人的邀请，到宁波讲学，组织了"证人讲会"，一时地方文风焕然一新。讲学初在万泰的广济街住宅，后迁到延庆寺内，最后迁到了白云庄。从此白云庄就成了盛极一时的浙东学派的学术重地。乾隆年间，黄宗羲的私塾弟子、浙东学派的"最后一块丰碑"全祖望，为了区别于绍兴刘氏的"证人书院"，特冠以"甬上"二字，题曰"甬上证人

书院"。"甬上证人书院"及白云庄在清末已圮废。1934年，甬人杨贻诚等访得书院遗址，集资予以恢复。由于浙东学派的代表人物黄宗羲、万斯同、全祖望都在这里活动过，故来瞻仰的学者络绎不绝。

　　育英书院位于宁海县深甽镇龙宫村。北宋末年，陈仲良（1091~1153年）由新昌平湖迁居龙溪。后裔于明季始建宗祠。清初，由于族人枝繁，在村西再建新祠，名"崇德堂"。龙宫人重视教育，清初即建义塾于跃龙桥顶的"文昌阁"。几经兴废，到民国后期，旧校舍容纳不了众多的就读学生，义塾迁至"崇德堂"，稍作改建，环境甚佳，名之曰"育英书院"。

　　书院总体布局坐北朝南，南向前院有围墙。东向设一门，前厅原设山门。中部和东侧门墙，仅留西侧门。沿中轴线由南往北依次为五凤楼、天井、大殿。总占地面积为539平方米。

　　大殿坐北朝南，单檐硬山顶，阴阳合瓦。通面宽14.19米，通进深10.11米，抬梁穿斗混合结构，明间七架梁，前后双步梁，

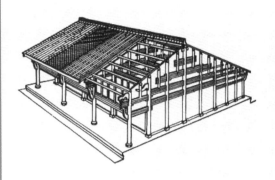

穿斗式又称立贴式,是我国古代三大构架建筑结构之一。其特点是沿房屋的进深方向按檩数立一排柱,每柱上架一檩,檩上布椽,屋面荷载直接由檩传至柱。每排柱子靠穿透柱身的穿枋横向贯穿起来,成一榀架构。每两榀架构之间使用斗枋和纤子连在一起,形成一间房间的空间构架。斗枋用在檐柱柱头之间,形如抬梁构架中的阑额;多用于民居和较小的建筑物。

用五柱。檐柱用柱头科,坐斗假昂出跳,用变形栱,雀替硕大,上刻云纹。

东西厢房各 3 间,阴阳合瓦二层楼结构,通面宽 11 米,通进深 9.65 米。楼栏均为弯龟式,上刻图案。前厅楼上设小屏风 5 扇,图案为"卍"字。

前厅阴阳合瓦二层楼结构,面宽 5 间,通面宽 22.81 米,通进深 5.66 米,有一卷棚顶。

宁海县保存的书院极少,而保存如此完整的更罕见。因该书院由宗祠改设,又保留了宗祠面目和装饰艺术,特别是两厢和倒座二楼的拷格栏杆,颇具宁海当地特征,具有一定的工艺价值。

金山书院位于象山石浦,初由当地许超兄弟四人于清道光八年(1828 年)创建,时名"崇德义塾"。据《崇德义塾碑记》载:"许君卓轩超,偕昆季炯斋、灯乌、严纶,于道光戊子(1828 年)择石城之北,创建义塾,规模粗具。"到同治十三年(1874 年),书院已衰落,同知杨殿才与许氏后裔商议,咨禀上宪,修整后,改额为"金山书院",延致经师,朝夕讲业。自此,几近颓废的崇德义塾得以金山书院之名而复兴,实为学校在石浦之滥觞。

光绪三十二年(1906 年),在"废科举,行新学"的浪潮中,

金山书院改名为"敬业高等小学堂"。1925年,"敬业高等小学堂"改名为"区立敬业完全小学"。自此,由义塾、书院、学堂而为学校。

解放后,定名"石浦小学"。著名历史学家吴晗曾随父亲在此就读。现金山书院存"敬业堂"主房和后楼五开间一栋。2002年,按(道光、同治)历史建筑风格进行修复。《石浦历史文化保护区保护规划》把书院辟为"石浦教育史陈列馆"。

球山书院位于鄞州区咸祥镇中心小学内,仅存清咸丰年间的遗物碑及砷石。两通碑大小相同,均高2.5米、宽1米、厚0.12

图⑩　金山书院院落月洞门

图⑨　金山书院立面

米。第一通碑的碑额为"球山碑记"四个正楷大字,正文分四列,记述球山书院始建时的概况,正文后刻捐户姓名与捐助田或银钱的数目。第二通碑的碑额为"碑记"二字,其内容系承接第一通碑,刻的亦是捐户姓名与捐助的田或钱的数目。下款为"咸丰八年林锺月创建,董事朱兆申、朱行正立"。碑石一对,大小及式样一致,均高1.30米、宽1.55米,鼓面直径0.80米。保存较完整。

球山书院由里人朱兆甲、朱行正等募集学田300余亩,醵金4000余贯创办,始建于清道光五年(1825年),道光六年(1826年)落成。原址在咸祥杨家桥头西,占地3亩,三进校舍坐北朝南,前进魁星阁系飞檐翘角木结构,中进礼堂共五间,为抬梁穿斗混合建筑,后进楼房5间2弄,另有5间平屋配套。其规模之大,设施之全,在当时县内首屈一指。

【十】

风雨藏书楼

硬山式:常见古建筑屋顶的构造方式之一。屋面仅有前后两坡,左右两侧山墙与屋面相交,并将檩木梁全部封砌在山墙内,左右两端不挑出山墙之外的建筑叫硬山建筑。硬山建筑是古建筑中最普通的形式,无论是住宅还是园林、寺庙中都有大量的这类建筑。

奇构巧筑——宁波建筑文化

说起天一阁藏书楼,几乎无人不晓,而宁波其他现存的藏书楼却鲜为人知,然而,这些藏书楼都是宁波藏书文化的重要组成部分。

据《鄞县通志·文献志》记载,自宋室南渡以后,鄞多世家旧族,随着刻书印刷业的兴起,收藏之风蔚起,出现了不少著名的藏书楼。又据《宁波市志》记载,宋以后近 1000 年,甬上历代较著名的藏书家有近 80 人,藏书楼有名可稽者 40 余处,为浙江省内藏书中心之一。

时至今日,许多书楼已不复存在,硕果仅存的只有数座,它们分别是天一阁、伏跗室、烟屿楼、水北阁及蜗寄庐等。这些散落在甬城各处的藏书楼,犹如一颗颗明珠,闪耀着宁波藏书文化的夺目光芒。这些古老的藏书楼,丰富着城市的文化记忆,那一缕不绝的书香,使城市弥漫历史的诗意。

(一)范氏天一阁

范钦,字尧卿,又字安卿,号东明,生于明正德元年(1506年)农历九月十九日,卒于万历十三年(1585 年)农历九月二十八日。嘉靖十一年(1532 年)进士,初官湖广随州知州,后

图①　天一阁

升任工部员外郎，负责营造、修建等工程。嘉靖三十七年（1558年）补河南左布政使，升副都御史，两年后升任兵部尚书，同年十月去官归里。范钦一生酷爱书籍，每到一地，都留心收集，而且比较重视收集当代人的著作，所以在他的藏书中明代地方志、政书、实录、诗文集就特别多。他的藏书楼初名东明草堂，后来藏书日多，旧宅难以容纳，才新建书楼，即天一阁。

天一阁藏书楼也叫"宝书楼"。这是一座重檐重楼硬山式建筑，通高8.5米。底层面阔、进深各六间，前后有廊。二层除楼梯间外为一大通间，以书橱间隔，坐北朝南，前后开窗，空气流通。楼下并排六间，楼上一通间，合"天一""地六"之意。此外，还在楼前凿"天一池"通月湖，既可美化环境，又可蓄水以防火。

据说范钦有一天在看书时，偶尔读到《周易》中"天一生水，地六成之"之语，受启发而设计了这座楼屋，并将东明草堂改称为"天一阁"。天一阁建筑整齐，式样古朴，天花板上藻井图案皆水纹和古代水兽，象征以水制火。天一阁建筑作为藏书楼的

·碑林·

将众多矗立的石碑集中在某一园落里,供人们观瞻欣赏、研习借鉴的场所,称为"碑林"。著名的如西安碑林,陈列汉至清代的各种石碑、墓志二千余件,与曲阜孔庙碑林和泰山岱庙碑林合称中国三大碑林。

1933 年,天一阁的东墙被台风吹倒,范氏后人无力维修。于是地方人士组成了重修天一阁委员会,筹款修缮天一阁,并把原来在宁波孔庙内的尊经阁,连同当地的一批宋代至清代碑刻,一齐迁建于天一阁的后院,命名为"明州碑林"。

奇构巧筑——宁波建筑文化

模式,影响深远。乾隆皇帝指令收藏《四库全书》的故宫文渊阁、圆明园文源阁、承德文津阁、沈阳文溯阁、扬州文汇阁、镇江文宗阁和杭州文澜阁等七处书楼,都是仿照天一阁的式样和结构建造的,使天一阁从此名扬天下。

清初,范钦的曾孙范光文请来名匠在"天一池"边堆筑假山,环植竹木,垒起玲珑假山"九狮一象"、"老人牧羊"、"美女照镜"、"福禄寿"等。假山中动物和人物的造型惟妙惟肖。其中有一块石头酷似一位微微抬头朝着宝书楼凝视的少女,传说它的原型是宁波知府邱铁卿的内侄女钱绣云。据记载,明嘉庆年间,酷爱读书的聪明才女钱绣云,为求得登天一阁读书的机会,托邱太守为媒,与范氏后裔范邦柱秀才结为夫妻。婚后,绣云以为可以如愿以偿上楼看书了,但万万没想到,已成了范家媳妇的她还是不能登楼看书,因为族规不准妇女登阁,竟使她含恨而终。

(二)冯孟颛和伏跗室

"伏处乡里不求显,而致力于学"是甬上现代著名藏书家冯孟颛先生的一生追求。其书楼"伏跗室"名,取自《鲁灵光殿赋》中"狡兔全伏于付(跗)侧"之句,藏书达 10 万卷。冯孟颛

图②
伏跗室外景

（1886~1962 年），名贞群，字孟颛，一字曼孺，号伏跗居士、成化子、妙有子、晚年自署孤独老人。原籍浙江慈溪，从先祖迁居宁波市区水凫桥畔。17 岁时，中光绪壬寅科，补宁波府学生员。1932 年任鄞县文献委员会委员长，从事表彰先贤、保护文物等工作。冯孟颛平生致力于地方文献的搜集和整理，曾领衔重修天一阁，编撰阁藏书目，并曾发起重修白云庄，置"明州碑林"。抗日战争时，他还在伏跗室天井内筑防空洞，用于藏书。遇日机空袭，须臾不离藏书，使藏书得以保全。冯孟颛从天一阁的历史中得出"书难聚而易散，子孙永保之不易"的结论，晚年时考虑如何妥善处理自己一生心血的结晶，使藏书免于失散、流入他乡。1962 年，他病逝前叮嘱后人"庋藏十万卷，化私复为公"，将10 万余卷藏书全部捐献给国家，先生的高风亮节可见一斑。

伏跗室坐落于宁波海曙区孝闻街旁，为清代建筑，坐西向东。整个建筑为五开间两弄三厢房木结构楼房，古朴精致，保存完好。进入大门，便是一处天井，靠右面生长着一棵代代橘树，枝杈像一把巨伞遮挡着小半个院落，树根有大碗口粗。据说，代代橘并不好吃，但果实可以入药，想必冯先生当年种植这一树木是取其寓意，希望藏书能代代相传。橘树旁生长一株桂花树，枝叶茂盛，花香四溢。几棵芭蕉，叶子硕大，颇有几分古画中的韵味。树木掩映下有个半人高的半球形堡垒，便是防空洞所在。迎面的抱柱联是沙孟海先生的手书："有满屋藏书古为今用，是当代宿学人以文传"。厅堂及两侧陈列着冯孟颛先生生平事迹。

（三）徐时栋和水北阁

水北阁主人徐时栋为清代浙东著名的藏书家。他生活在鸦片战争以后的战乱年代，两遭兵火，所著多有散佚，所藏图籍亦一再被毁。然而他毫不气馁，藏书失而复聚，从烟屿楼到城西草堂再到水北阁，其经历在我国藏书楼史上是罕见的。

徐时栋，字定宇，又字同叔，号柳泉，鄞县人。生于清嘉庆十九年（1814 年），卒于同治十二年（1873 年）。道光二十六年（1846 年）举人，赐内阁中书。同治七年（1868 年）起主持《鄞县志》的编纂，直至同治十二年殁止。他平生酷嗜藏书，手抄校勘，通宵达旦，著述有 30 余种，刻《四明宋元六志》，考异订误，堪称善本。造诣之深，超越前人。

徐时栋最初寓居月湖西畔的烟屿洲（今宁波市共青路 48 号），故名藏书处为烟屿楼。烟屿楼建于道光年间，前后两进五开间楼房。正房为硬山式，有花园和两边厢房，保存完好，是宁波月湖十洲中最为著名的人文胜迹。徐时栋烟屿楼藏书达 10 万卷，多得自慈溪郑性"二老阁"，其次得自范峨亭、邱学敏、胡鹿亭等故家藏书散出者。咸丰末年（1861 年），因战祸，烟屿楼藏书被坏人趁机盗窃，部分被无知者当作引火材料随意烧毁，所剩

图③　烟屿楼与月湖桂井巷口的全祖望像

图④　现迁至天一阁内的徐时栋水北阁藏书楼

图⑤　水北阁藏书楼明间

无几。次年，即同治元年（1862年），徐时栋迁居宁波西门外"西城草堂"（今宁波城西亨六巷2号），重新整理旧编，访求散失，得书4万卷。不料同治二年（1863年）十一月二十九日遭火灾，藏书付之一炬。同治三年（1864年）六月，他在西城草堂故址重建新宅，书楼设于北面水旁，取名"水北阁"，再三收集藏书，经几年苦心收聚，藏书凡三十大厨，计798种，9815册，44000多卷，编列经、史、子、集、丛书五部，渐渐恢复旧观。同治八年，鄞县志局迁到水北阁，徐时栋出示所藏图书供需要。宣统三年（1911年），即徐时栋逝世后不到四十年，遗书尽售予上海书贾，少量流入近代宁波藏家和天一阁。

水北阁原在宁波亨六巷2号，二层楼房，建筑基本完好，但早已改作民居，炊烟绕屋，存在防火问题。1994年9月，因道路拓展，原地无法保存，被迁移到天一阁南园，恢复原貌，加以保护。

（四）卢址和抱经楼

抱经楼是清代浙东著名的藏书楼，当年藏书之富，可与范氏天一阁、郑氏二老阁相媲美，与浙西卢文弨的抱经堂有"东西二抱经"之称。

唐朝诗人韩愈寄诗卢仝，写道："春秋三传束高阁，独抱遗经究终始。"1000年后抱经楼正是得名于此，表明有独抱遗经之志。

抱经楼主人卢址，字丹陛，一字青崖。清雍正三年（1725年）四月初三生，乾隆五十九年（1794年）十月十一日卒，年七十岁。其家传云："幼而奇嶷，学于孝廉郭先生永麟。年十九受知于学使长洲彭公，充鄞县学弟子员，每试辄高等，名噪甚。乾隆十三年金坛于公拨补增广生。乾隆十九年，郡中大饥，输粟助赈，大

吏以闻,得旨以贡生议叙。连试布政司不利,以例授中书科中书。未及选期,两目失明,遂绝意进取。"卢址生平喜聚书,遇有善本,不惜重价以购,朋友中有异书,也必婉转借抄,"晨夕雠校,往往至废寝食。搜罗三十余年,所得书数万卷"[1]。失明以后,他还令弟子诵读于侧,专心聆听,"枯坐无事,又取陶韵和焉"。

卢址亲编书目,把藏书分为经、史、子、集四部,依类排列。乾隆三十九年(1774年),清廷赐给范氏天一阁《古今图书集成》一万卷,此事轰动了宁波城。卢址"世籍饶产……欲与范氏天一阁相雄长",由于没有得到这样的内府本,感到十分遗憾,"乃破产遣群从入都市购求,书到,衣冠迎于门。其结癖之深如此"[2]。

书楼建造在卢址住宅的东面,其式样模仿天一阁藏书楼。朝南六间,上下两层。楼下中间为大厅,西边一间有步梯可登楼,步梯横装,与天一阁稍异。楼上贮书,以书橱分间。据清末抱经楼藏书排架草图,可知东西两边靠墙处,各放单面大橱两只。中间是五排十只大橱,前后可开门。朝南空隙的地方分别放置十只小橱。书楼前面筑假山,并凿一方池,环植竹木。宣统三年

[1]　清钱大昕:《抱经楼记》。
[2]　清黄家鼎:《抱经楼藏书颠末考》。

（1911年）闰六月，冯贞群先生登楼观书，并作文记其事。当时的抱经楼，"楼中布置朴素，鄙俗之气殆尽。其外高树参天，风起谡谡作响，窗壁栏楯，终日在苍翠中"[1]。

卢址对天一阁极为推重，不但书楼的样式仿照天一阁，而且在藏书的管理上也吸取天一阁的经验，规定藏书归子孙共同所有，共同管理。其严密的管理制度，一直贯彻到清朝末年。卢址去世后，书楼处于封闭状态。

抱经楼原在宁波市区的东南隅，今君子街18号，边门为石板巷1号。书楼建筑牢固，历二百余年，仍然保持它古朴的风貌。中厅天花板和檐椽上的水波纹装饰清晰可见。楼上前面统排是明鹤窗，每间六扇，后面除中间一间外，都是每间两扇。木窗的上半部为井字格子，每格嵌上贝壳，至今尚有几扇保持原来的样子。在楼下中厅，原有著名学者阮元书"抱经楼"匾额一块，"文化大革命"中被破坏。楼前池塘被填为平地，筑起小屋，住家杂居，火烛不禁。1995年，因旧城改造，抱经楼被拆迁，木构藏于天一阁。1998年建成抱经厅，以纪念卢址。

[1] 民国冯贞群：《登抱经楼记》。

图⑦ 位于天一阁内的抱经厅

图⑧ 蜗寄庐藏书楼

（五）孙氏蜗寄庐

在天封塔的南面，开明街与解放南路的交汇处，有条名为塔前街的小弄堂，弄堂的 23~24 号就是"蜗寄庐"。这里曾是甬上著名的私家藏书楼，更是新中国邮票设计第一人孙传哲的出生地。

走进 23 号墙门，只见坐东朝西是一排六间二层木房，朝南另有一排三楹木房，围成几十平方米的一座小院。这里的主人姓孙。据考证，孙氏原是慈溪横河孙家境人，清末迁移到甬城，向隔壁姚氏长子购买此房定居。

孙家桂（1879~1946 年），字翔熊。他平生不乐仕进，曾任私塾教师和商店职员。性好典籍，尤勤于访求，积藏渐富。就在这三楹楼房中，他将中室辟为藏书之所，因面积不大，他自喻为"蜗寄庐"。蜗寄庐藏书大多收购于 1915 年至 1930 年间，当时因军阀混战，社会动荡不安，一些藏书家纷纷出售藏书，孙家桂又肯出高价，由此购得不少好书。其中不乏天一阁、卢氏抱经楼、徐氏烟屿楼等甬上著名藏书楼散出的珍本。对一些不易收到的珍本，孙家桂即雇人抄录，累计达 2 万余卷，尤以明刊的白棉纸本诗文集为蜗寄庐藏书中的一大特色。不少甬上名人都曾走访过蜗寄庐。

　　孙家长子孙定观(1903~1985年),幼受父亲熏陶,亦钟情于古籍书画。在继承了蜗寄庐的藏书后,他珍爱有加,往往亲自动手整理修补,并续有增购。1979年,孙定观将遗藏954部、字画86件献给天一阁。1987年,长孙孙诗乐又将剩下的书籍全部赠送给宁波大学,完成其祖、父二辈遗愿。

【十一】

戏剧文化的载体：宁波的古戏台

（一）

> 酒坊饮客朝成市，佛庙村伶夜作场。
> 先生醉后骑黄犊，北陌东阡看戏场。

这是南宋著名诗人陆游描述乡村演戏场景的诗句，反映了戏曲在旧时农村生活中的重要地位。

宁波的戏曲在南戏中占有很大的分量。其主要的标志是元末明初戏曲家高明在鄞县创作的《琵琶记》，在中国戏曲发展史上具有重要地位，被誉为"曲祖"。宁波又是甬剧的故乡，甬剧发源于浙东农村，广泛流传于宁波、舟山、台州及上海一带。余姚的戏剧历史则更加悠久，余姚腔曾是南戏的四大声腔之一，至今仍保留着姚剧这一地方剧种。宁波还是越剧的第二故乡，起源于清晚期浙江嵊县的越剧，清末至民国时期在宁波得到极大发展。由于戏曲的繁荣和发展，作为表演场所的戏台，也就应运而生。

据有关资料记载，最初的戏台出现于唐朝，在敦煌莫高窟壁画中就有舞台形象，只不过上无顶盖，或垒土为之，或筑木为之。最早有明确记载戏剧舞台的是"戏剧三通碑"，其中北宋天禧四年（1020年）的"创建后土圣母庙碑"中有"修舞亭都维那头李廷训"等内容，其中所说的"舞亭"被认为是中国最早的神庙舞台。可惜唐宋时期的戏台现均无实物可寻。

从垒土为台到元明清飞檐翘角的戏亭出现，标志着中国戏曲从原始歌舞的滥觞，经过唐宋散乐百戏的孕育，迈入元代的戏曲成熟期，再到明清的繁荣期。明清之际，人们在神庙、会馆、宗祠、河边、街心等处纷纷建造起戏楼、戏亭乃至戏园，戏台建筑工艺日趋精良，观演设施也日趋完备，并由一庙（祠）一台发展至一庙两台、三台。

中国的古戏台在建筑特色上一般具有以下特点：

在布局特色上，首先，突出神性化理念。草台和串台不受环境的限制，随意性强，街心台和路台与周围环境关系简单，祠堂和庙宇在总体设计上，将戏台作为主体建筑安排在纵轴线上，置戏台于主要位置，从前到后依次是门厅、戏台、正大殿、后大殿，左右为厢房，以戏台为中心，构建四合院式的建筑群。戏台的朝向与其他建筑相反，面向正大殿，对准神位和祖宗灵位。因为旧时演戏是为神明、祖宗而演，视神明为救世主，能使天下太平，消灾化险，时运亨通，兴族富民，因而，时逢神明或先祖的生日，总要演戏三天三夜，并举行隆重的庙会活动，以示对神明的庆贺和敬重。宁波府城隍庙戏台台板可以拆卸，因其设有坐像和行像，行像体量较小可以活动，每逢节日城隍神要出巡，视察民情，人们抬着行像得走正门，通过戏台，因而得卸去台板，回殿后重新装上，这也体现出了神性化的理念。其次，突出规正性。距戏台5~10米设大殿，后台与山门相连，山门二楼高于戏台台面，设楼梯通往戏台，称之为倒挂楼，山门二楼作为演戏时存放道具、演员休息和化妆之用。戏台演出区与台隔成八字形的屏风，屏风上画"福、禄、寿"三星，屏风前为乐队的专席，称"后场台"。有的戏台还另设有搭台，可以随时装卸。搭台设于东首，主要是供乐队吹打之用，演毕拆除。戏台的左右两侧都设有厢房，二楼为观赏区，系妇女和儿童专席。旧时讲究男女授受不亲，男女间界线很严，规定男子不得上楼。戏台被门厅、大殿、两侧厢房包围，形成凹字形的天井，为观赏区，也称作戏坪。天井除了观赏功能外，还具有采光、换气、泄水三大功能。由于祠堂庙宇建筑外墙不开窗，光线取得、通风换气全凭这凹字形的天井，又通过这天井排出屋面上的泄水。有少数戏台与大殿之间建筑连台，保证了观众区不受风吹雨打。第三，在空间占有上力求保证戏台功能的发挥，照顾到整座建筑的气势。地面与山门持平，比大殿低

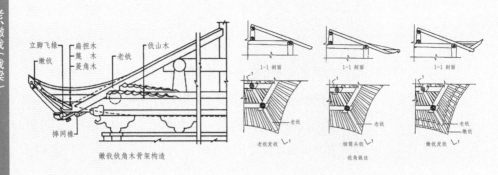

立脚飞椽　扁担木　戗山木
嫩戗　篾角木　老戗
菱角木
捧网椽
嫩戗戗角木骨架构造

1-1剖面　　1-1剖面　　1-1剖面

老戗　　老戗　　老戗　嫩戗
老戗发戗　　烟筒头戗　　嫩戗发戗
戗角做法

房屋转角处设角梁,置于廊桁与步桁上者称为老戗。竖立于老戗上的角梁称为嫩戗。老戗木主要承受屋面荷重,嫩戗木主要增加梁的起翘度。

五至七步踏步。这样使大殿显得高大宏伟,气势轩昂。戏台台板的高度一般为 1.6 米至 2 米,使演出区与观赏区相适应,不管站在戏坪上和大殿上,还是在厢房,看戏视角效果都较好。戏台屋顶高度略高于山门,又低于大殿,这样,山门、戏台、大殿的屋顶形成阶梯状,有层层向上、步步登天之意。

在结构特色上,戏台集楼阁之台基、殿宇之梁架、亭子之屋盖于一体。戏台的结构一般可分为台基、梁架、屋盖三部分。

1. 台基。台基的砌筑因地制宜,埋头部分,台柱底下用石礅墩,其他部分用夯土。台明部分,礅墩上施方形柱顶石,大小为石墩的两倍,其上施柱础。柱础花饰繁多,以"亞"字形居多,另外还有鼓形、束腰形、花篮形、方形等,多为素面,有的雕有如意纹、回字纹、兽面纹等。石质柱础适宜南方潮湿多雨的气候,牢固永久。四周设阶条石,比地面高出 10~15 厘米,地面多用三合土,少数铺设石板。

2. 柱架。柱均用石柱,少数用木柱,上圆下方,高 4.5~5 米,柱径在 25~30 厘米之间。大多数戏台用十根方形辅撑柱支撑台栅。台前两根石柱伸出台面约 40 厘米左右,雕饰狮子头,两个狮子头面对面,有镇台辟邪之意。台柱柱头做成十字卯口,用来扣嵌十字交叉的大额枋。两大额枋用上下凹字榫嵌入柱头卯口

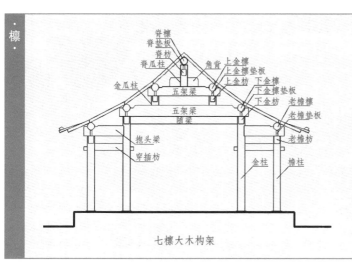

七檁大木构架

檁指用于架跨在房梁上起托住椽子或屋面板作用的梁。亦称"桁"。位于三架梁上之正中谓脊檁;位于三架梁两端谓上金檁;位于五架梁两端谓中金檁;位于七架梁两端谓下金檁。在檐柱上的是檐檁。挑出于檐柱斗栱外侧的檁,叫挑檐檁。

相互扣搭,上承小额枋,上下大小额枋之间用斗栱传承。斗栱一般为七踩三昂斗栱,边上平身科与柱头科并放一起,平身科之间用夹堂板修饰,小额枋上施正心桁。戏台由于要做成圆形的藻井,它的收山与其他殿宇歇山顶有所不同,取正心桁的外三分之一处分别斜放四根向上拱起的采步金,它与两根不同方位的正心桁构成三角形,再在上面承放五架梁或三架梁,上施童柱及叉手,承接脊檁,形成歇山顶屋架。四屋角采用发戗做法,老戗一端固定于三架梁头上,一端承放于前台柱柱头科上,向下向外伸出,老戗与嫩戗成45°角,嫩戗上皮施三角木、菱形木和扁担木,呈弧形,向上起翘,形成舒展的翼角。

3. 屋盖。施檁四根,即脊檁、金檁、檐檁和挑檐檁。举加檐步较缓,越往上,举数越大,坡度越陡。一般檐步五举,金步七至八举,脊步九举,甚至十举以上。俗话说:"戏台好看,屋面难筑。"如此大的坡度,上面站人是极为困难的,施工难度较大,一不小心屋面就会滑坡,如有松动就会漏雨。戏台利用每步架不同而筑成中间下凹、两端反曲的弧形屋面,既保证了屋面的泄水,又在有限的屋面上产生一种曲线美,增加立体效果。为了出檐深远,又不使檐口太低,均用飞椽出檐,飞椽能使檐部微微翘起,不影响光线进入。椽面上施望板或望砖,为防止屋面瓦的滑

坡，用较厚的灰背作粘连层，屋面施小青瓦或筒瓦。瓦面极密，脊步压八露二，金步和檐步压七露三。

（二）

宁波现存的古戏台数量很多，有名可稽者就达数百座。它们中有宗祠戏台，如宁波湖西秦氏支祠戏台、象山县墙头镇欧家祠堂戏台、宁海县清潭村的敦善堂戏台和孝友堂戏台。也有会馆戏台，如位于江东区的庆安会馆和安澜会馆内的戏台。还有祀庙戏台，如宁波府城隍庙、宁海县城隍庙、象山石浦城隍庙都有戏台，其中象山石浦城隍庙戏台还是宁波地区极少数的一庙两戏台结构；又如宁波月湖关帝庙戏台、余姚仙圣庙戏台、奉化萧王庙戏台、鄞州黄公庙戏台和忠应庙戏台等等。另一类是河边或街心戏台，此类戏台不多，如月湖花果园庙对岸临河戏台、鄞州黄古林街心戏亭、象山爵溪街心戏亭等。

宁波地区现存最早的戏台是余姚鹿亭乡仙圣庙戏台。据记载，它始建于南宋，元至治年间（1321~1323 年）迁移至今址，现存建筑是清康熙年间重建的。戏台面阔 4.7 米，呈正方形，高约 6 米，飞檐翘角歇山顶，戏台内顶部的斗栱等层层盘旋向上，往内收缩而成螺旋形藻井，俗称"鸡笼顶"。顶中间还置有一面大铜镜，四周雕塑着 8 个龙首和花篮。这穹顶的铜镜和藻井不仅具有消防避灾的寓意，而且据科学测定，当演员在台上高歌或低吟时，其四壁会形成共鸣，出现余音绕梁的音响效果。

宁波地区现存最精美的戏台要数天一阁内的秦氏支祠戏台了。戏台坐南朝北，歇山顶上立着几个戏剧人物，个个惟妙惟肖。戏台前面的两根石柱用约 12 厘米直径的钢管代替，以减少看戏的遮挡面，可见其用心良苦。戏台分前、后台，前台和后台之间设木屏墙，两边有门，分别是"出将"和"入相"。"出将"是

图①　庆安会馆前戏台

图②　庆安会馆后戏台厢房及后殿精美的朱金木雕

图③　庆安会馆戏台匾额

图④　庆安会馆戏台柱础石

图⑤　王安石庙戏台

图⑥　象山爵溪街心戏亭

戏剧文化的载体：宁波的古戏台

149

演员上场表演的出口,"入相"是演员下场的入口。旧时也将它们统称为"古门",意思是台上演的都是古人的事。后台即戏房,紧贴门厅,是演戏时做声音效果的地方,如狗叫声、下雨声、打雷声等声音效果都是从这里传出的。这里也是演员们候场的地方。戏房左边是化妆间,右边是布景、道具、服装间。戏台前是天井。面对正厅,左右两侧是看楼。遥想当年,每逢戏班演出,乡民扶老携幼,把戏台围得水泄不通。那乐曲声似一种磁场,带给人们朴素的快乐。

历史悠久的戏台,不仅是一部生动的戏曲发展史,而且也是一部楹联大集。一般戏台台前的两根立柱上都留存有古代文人墨客题写的对联,如鄞州黄古林街心戏亭的楹联是:"地属通衢,鼓吹声娱过客;门临巨港,弦歌韵人流水。"宁波月湖关帝庙

图⑦ 余姚仙圣庙戏台

图⑧ 仙圣庙戏台与两厢间的天井

图⑨ 仙圣庙牛腿

图⑩ 仙圣庙藻井

图⑪ 秦氏支祠民国戏台

图⑫ 秦氏支祠戏台朱金木雕藻井

戏台的楹联是："人在玉壶掩映双湖日月，事垂金鉴分明一部春秋。"宁海县清潭村敦善堂戏台的楹联是："借虚事指点实事，托先人提醒今人。""有声画谱描人物，无字文章写古今。"该村双枝庙戏台的楹联是："一曲阳春，唤醒古今梦；二般面目，演尽忠奸情。"其内容或点示环境，或借古喻今，耐人寻味。

（三）

近年来宁波市各级文物部门对保护古戏台做了大量工作，进行了地毯式摸底调查，对普查出来的保护比较完整的优秀古戏台进行了重新评估，从中挑选出象山爵溪街心戏亭等数十处古戏台，先后公布为各级文物保护单位或文物保护点。2006年5月，宁波市宁海县10座最具有代表性和艺术价值的古戏台被公布为第六批全国重点文物保护单位。

现在，让我们一一走近这10座古戏台，感受其精巧的结构、华丽的装饰，感受其深厚的人文底蕴——

1. 崇兴庙古戏台

崇兴庙古戏台位于西店镇石家村与后溪村之间，为两村共有。石家、后溪同宗同姓，村民均姓石，为宋乾道间奉直大夫石羡问后嗣。至康熙中期，石成窝（1643~1722年）创建崇兴庙，石云台于道光二十一年（1841年）迁崇兴庙于石家宗祠左侧，戏台及三连贯藻井系同时建造。

2. 岙胡胡氏宗祠古戏台

岙胡胡氏宗祠古戏台位于梅林街道岙胡村。清嘉庆二年

图⑯ 崇兴庙戏台戏曲演出场景

图⑮ 崇兴庙戏台斗栱

图⑭ 崇兴庙戏台牛腿

图⑬ 宁海崇兴庙三连贯藻井戏台

图⑱ 胡氏宗祠戏台藻井

图⑰ 宁海胡氏宗祠戏台

奇构巧筑——宁波建筑文化

（1797年），邑庠生胡元实（1729~1812年）建造胡氏宗祠，号为
"积庆堂"，其时前厅较为简陋，只有平屋三间。咸丰四年（1854
年），以胡寅阶为首事，将前厅三间平屋改建成五间楼房，资金由
族内各房捐助，以"劈作做"手法建造。20世纪20年代，改造戏
台和勾连廊（俗称工字屋），并增设三连贯藻井。

3. 下蒲魏氏宗祠古戏台

　　下蒲魏氏宗祠古戏台位于强蛟镇后舟、下洋两村之间。魏
氏宗祠为两村共有，两村合称为下蒲。魏氏后裔于清康熙八年
（1669年）建大堂三间，道光年间扩建成五间。光绪十六年（1890
年）建仪门、戏台、厢楼等，并按各房派自东向西依中轴线劈半
而建，俗称"劈作做"，故风格各异。

4. 潘家峧潘氏宗祠古戏台

　　潘氏宗祠古戏台位于桥头胡街道潘家峧村，清乾隆甲辰（1784 年）由潘家兴、潘家思、潘家瑜等倡建，建亨堂三间、戏台一座。至嘉庆庚午（1810 年），族长潘家齐首事建前厅楼屋五间。民国壬午年（1922 年），宗长潘达品偕首事将前楼戏台及两厢进行大修。潘氏宗祠亦采用"劈作做"手法修建。

5. 双枝庙古戏台

　　双枝庙古戏台位于深甽镇清潭村。双枝庙历来是里峧片的境主庙，明正德年间（1506~1521 年）由张世赏、张廷玉始建，屡有兴废。1933 年由清潭等六个自然村的张、竺、孔三姓集资重修。

6. 城隍庙古戏台

城隍庙古戏台位于跃龙街道桃源南路。该城隍庙始建于唐
永昌元年（689年），南宋隆兴元年（1163年）改建。1935年对
城隍庙进行过一次较大规模的维修，卸下了台前影响观众视线
的四根方柱，换上两根铁柱，今存的仪门、戏台及两厢均修建于
当时。2002年又进行过全面维修。

7. 龙宫陈氏宗祠古戏台

龙宫陈氏宗祠古戏台位于深甽镇龙宫村村口。陈氏宗祠建
于清初，宗祠环境优美，南临龙溪，北坐狮山。宗祠自南至北依
次为照壁、前天井、仪门、中天井、中厅、戏台、后天井、正厅。

8. 马岙俞氏宗祠古戏台

马岙俞氏宗祠古戏台位于深甽镇马岙村，创建于明万历八年（1580年）。顺治五年（1648年），因俞抒素领导的"白头翁"起义，宗祠被清兵烧毁，康熙十九年（1680年）在原址上重建。宣统二年（1910年）遭火灾，民国元年（1912年）族人推俞民承为经理筹款重建，戏台亦建于当时。

戏台为歇山顶，无脊饰，藻井异形栱昂组合成螺旋形。

9. 大蔡胡氏宗祠古戏台

大蔡胡氏宗祠古戏台位于深甽镇大蔡村。大蔡胡氏宗祠始建于南宋，后几经兴废，现今规模为清晚期所建，戏台藻井亦于

同时建造。宗祠坐南朝北,沿中轴线依次为照壁、前天井、仪门、戏台、勾连廊、正厅。

10. 加爵科林氏宗祠古戏台

加爵科林氏宗祠古戏台位于强蛟镇加爵科村。林氏于南宋嘉定年间(1208~1224 年)从杭州仁和里迁居至此。宗祠始建年代不详,现存规模为清代晚期所建。

【十二】

伊斯兰文化与月湖清真寺

影壁也叫"照墙"。古代的风水学中，无论河流还是湖泊，都忌讳直来直去，无一不以其婉转、曲折和源远源长而视为吉兆。推而广之，过去的四合院和古代建筑，大门内外都有堵类似屏风的"影壁墙"。

宁波的伊斯兰文化是在伊斯兰教传入后，在千余年的漫长历史过程中发展形成的。它既与阿拉伯—伊斯兰文化有着内在的传承性，外观上具有伊斯兰文化的一般特征，同时也有鲜明的宁波地方特色；它既是形形色色的世界伊斯兰文化中的一支，又是中国文化的有机组成部分。

宁波伊斯兰文化是通过"海上丝绸之路"传播过来的。从世界各地出土的越窑（宁波慈溪上林湖越窑）青瓷证实，自晚唐以来，这条"海上丝绸之路"大多自明州出发，经泉州、广州并绕马来半岛，经印度洋，到达波斯湾以至各阿拉伯国家。在巴基斯坦的卡拉奇有晚唐越窑水注出土；在伊朗、波斯湾古代繁华港口席拉夫，曾发现大量越窑青瓷，此外在内沙布尔、米纳布等地也都有出土；在伊拉克的沙马拉等地都发现唐代越窑瓷器。在埃及，越窑青瓷的出土数量特别多，仅福斯塔特一处，于 1965 年就出土中国陶瓷 10606 片，其中唐代越窑占六成。

上述青瓷的造型、釉色，很大一部分与宁波原古代海运码头出土的七百多件产品中的碗和各式壶、盘成套器物相似，例如伊拉克、伊朗、埃及出土的敞口碗都与慈溪晚唐窑址的器物完全一致。

明州（宁波）与各阿拉伯国家的文化交流，从宋代起日益频

繁。《宋会要辑稿》有记载，宋初，朝廷派出使者到停留在我国港口城市的外国商舶，转达宋王朝的友好意向。为做好各国使者的接待工作，朝廷在礼部设"主客"机构，专"掌以宾客礼待四夷"。"四夷"就包括了真腊（今柬埔寨）、大食（阿拉伯国家）等信仰伊斯兰教的国家和地区。公元七世纪初，阿拉伯和唐王朝都是世界上最富庶、文明的地区。伊斯兰教初期，至圣穆罕默德就鼓励穆斯林（信仰伊斯兰教的教徒）到中国寻求知识，增加友好往来，并留有"学问虽远在中国，亦当求之"的圣训。

全民信仰伊斯兰教的回族形成有其特殊性，它的形成并不完全遵循民族形成的一般规律，即由氏族发展为部落联盟，进而发展为民族。回族先民从阿拉伯半岛初到中国时，这里已是一个文明高度发达的东方社会。回族先民来自不同地区，带有多种民族成分，有阿拉伯人、波斯人、回纥人，以及改奉伊斯兰教的蒙古人。早在唐宋时期，回族先民就开始建造清真寺。当时明

州港是比较著名的港口，大食、波斯等国商人远舶到此贸易者，为数众多，中国政府称他们为"蕃客"，并为其设置了固定的居住区域，称"蕃坊"。蕃客多数信仰伊斯兰教，建有礼拜场所，即清真寺。据考古发掘资料和有关文献记载，宁波伊斯兰教（回教）由通商的阿拉伯人、波斯人在晚唐时期传入，并于北宋咸平年间在市舶务边的狮子桥以北建造清真寺。据吴鉴《清真寺记》说："他们……好洁，平居终日，相与膜拜祈福，有堂焉，以祀名，如中国之佛而无像设……"显然此时这些人只是寓居中国的侨民，他们虽然陆续相宅而居，但还没有发展成为回民社区。

元代，是回族人社区趋于形成时期，宁波清真寺也迁到城东南隅海运公所以南的冲虚观前。由于元代蒙古人西征，中亚、西亚人以军士、工匠、官商、商人等身份，纷纷来到中国。1273 年，元政府下令"编氓"，令其随地入社，与当地汉族等民族通婚，子孙繁衍。出于对宗教生活的需要，这些信奉伊斯兰教的人们逐渐聚居在一起，形成比较集中、固定的街巷区域，如镇海区的回回弄。由于回族人全民信仰伊斯兰教，故伊斯兰教又被称为回教。而穆斯林又是对信教居民的统称。此时穆斯林居民已被称为"土生蕃客"或"五世蕃"，聚居区中有清真寺、学校，已有回民社区的雏形。其中清真寺作为伊斯兰教的载体，便成为一个社

区的活动中心,逐渐把回族先民联系在一起,在共同的生产劳动中,产生了民族感情、民族认同意识,创造了民族文化。明清时期,宁波已形成了回民社区。宁波回民的分布区域,大致在月湖西畔,清真寺附近较为集中,江东区、江北区未发现有回民居住。如果以清真寺为圆心,半径1公里的区域内都有回民居住,在这个区域以外,回民就很少,甚至没有。据记载,宁波西门外原有一处专门埋葬回族蕃客的墓地,这些阿拉伯式样的墓及镌刻有阿拉伯文与汉文的碑,正是中国、波斯、阿拉伯地区人民当年在明州友好相处的见证。

从上述史实看,宁波清真寺的发展历史上有三个重大的节点:一是肇始于宋朝的狮子桥头;二是元朝时迁于城东南隅海运公所以南的冲虚观前(今右营巷);三是在清康熙三十八年(1699年)迁到湖西虹桥西畔,就是今天我们所见到的宁波清真寺。而且,这三个时期,每个时期的规模都比之前有所扩大,说明宁波文化中的伊斯兰文化也在不断发展壮大。

宁波清真寺是宁波现存唯一的伊斯兰教寺院,也是浙东地区唯一的清真寺。它是宁波古代海外交通贸易和中华各族人民互相融合的历史见证。

不管什么地方的清真寺,大殿的方向必须背朝伊斯兰教的

·卷棚顶·

中国古建筑屋顶形式之一，为双坡屋顶，两坡相交处不作大脊，由瓦垄直接卷过屋面成弧形的曲面。卷棚顶整体外貌与硬山、悬山一样，唯一的区别是没有明显的正脊，屋面前坡与脊部呈弧形滚向后坡，颇具一种曲线所独有的阴柔之美。卷棚顶形式活泼美观，一般用于园林的亭台、廊榭及小型建筑上。

圣城——沙特阿拉伯的麦加克尔白。中国位于麦加的东面，故中国清真寺中的大殿都是坐西朝东，背朝麦加，穆斯林礼拜时，即可面向西面的克尔白。宁波清真寺也与我国其他清真寺一样，采取东西向的格局，由大门、二门、三门、映壁、沐浴间、大殿和两侧的厢房组成。大门位于东端临街处，寺的总平面略呈矩形，寺内主要建筑都布置在东西向的中轴线上，如映壁、二门及大殿。东西长 49 米，南北长 20 米，占地面积约 980 平方米。大殿系清康熙年间所建，为寺内礼拜殿。乾隆三十年（1765 年）又进行了改造，几经风雨，现存大殿为木结构单檐，屋面平缓，惜其正脊上的滴堂火球已毁。建筑平面作"凸"字形，类同于中国式伊斯兰寺院柱网平面形制，这是出于实用目的，使殿内无柱子挡住人的视线，这样宗教活动有了较大的空间。大殿面宽 10.5 米，进深 10 米，明间抬梁式，山墙用穿斗式，七架檩，三开间，前廊式四柱造结构。大殿台基高出天井地面约 1.2 米，中有踏道与天井相连。檐廊为卷棚顶，横枋上饰有卷草纹、云头纹、几何纹样。大殿无前窗，通为六抹头板门，外檐柱础为莲花如意纹样。大殿正中上方悬挂三块阿拉伯文匾。明间往后凸两米，其后墙被阿拉伯人称为"奎布拉墙"，墙中有圣龛，书有《古兰经》经文，被认为是清真寺最圣洁的地方。在圣龛的左面，也就是次间后面右角，有一座宣谕台,供阿訇(伊斯兰教教职人员)在星期五聚礼时宣教之用。地面铺木质地板,深红色漆,平整光洁,铺有暗红色地毯,在殿宇中形成一种深沉的气氛。

一般而言,伊斯兰世界的清真寺内都不设神像,也不使用描绘人物和动物等写实的图案,但在我国就不尽然,杭州凤凰寺、西安化觉巷清真寺的装饰画中均有极少量的动物图案,宁波清真寺的雕刻、装饰彩画也有极少量动物图案。

考察宁波清真寺的总体布局、柱网形制、装饰艺术等方面,在基本遵循伊斯兰教寺院建筑原则的同时,采用了传统的中国建筑的某些做法,两者有机地结合,形成了中国式伊斯兰教建筑风格。宁波清真寺在宁波乃至江浙一带都具有明显的历史文化价值,也是宁波作为历史文化名城的宝贵财富和重要组成部分。

【十三】

风格独具的宁波商帮会馆

会馆是中国城市公共建筑的一种，专指历史上旅居异地的同乡人共同设立的，供同乡、同业聚会或寄居的馆舍。迄今所知我国最早的会馆是建于明永乐年间的北京芜湖会馆。嘉靖、万历时期会馆趋于兴盛，到清代达到鼎盛。而明清时期的商人会馆则经历了从会馆到公所、商会的过渡，繁荣及至清代晚期和民国。

会馆一般分为同乡会馆和行业会馆两类。前者是为客居外地的同乡人提供聚会、联络和居住的处所；后者是商业、手工业行会会商和办事的处所。同乡会馆的建筑形式大致同大型住宅相似，有些即由大型住宅改建而成；行业会馆与同乡会馆风格不同，其总体布置虽仍近似住宅建筑，但更讲究装饰，常用繁复的雕刻和金彩装饰。建筑是凝固了的文化。会馆建筑作为社会的载体，不同程度地体现出政治、经济、宗教、文化、艺术等方面的功能与价值。政治上，会馆与封建势力的结合，在一定条件下，对于保护工商业者自身的利益，起了某些作用；宗教上，内陆商帮建立的会馆总是与关帝庙结合在一起，沿海商帮建立的会馆总是与天后宫结合在一起；经济上，明中叶以后，具有工商业性质的会馆大量出现，会馆制度开始从单纯的同乡组织向工商业组织发展，对促进社会、政治、经济发展发挥了一定的作用。

宁波会馆的形成，其雏形可以上溯到宋代。南宋绍熙二年（1191年），宁波有了对初具雏形的会馆的明确记载：福建舶商沈法询，在海上遇难受妈祖保佑，取福建莆田妈祖庙炉香，回明州江厦住处，捐宅为庙，由此诞生了浙东第一座天妃宫，后来成为闽商海运业行会的商帮会馆，即八闽会馆。

明天启、崇祯年间（1621~1644年），宁波药材商人首先在北京落户，开拓市场，设立"鄞县会馆"，这可以看作宁波会馆在外地初期开始形成的标志。

宁波商帮不仅在北京、天津、上海、南京等大都邑创办商帮

图① 庆安会馆宫门

会馆，而且为团结海外宁波商帮，在亚洲的日本、新加坡等地也成立会馆。宁波商人和全国各地来宁波进行商业活动的商人们的频繁集结和流转，造就了灿烂的商帮会馆文化。

清末民国间，在宁波市区的商帮会馆，著名的有福建商帮的江厦街八闽会馆（天妃宫）、战船街口钱业会馆，江东以经营木材为主的福建老会馆、宁波北号海运商人的庆安会馆、南号海运商人的安澜会馆、广东商帮的岭南会馆、山东商帮的连山会馆、徽州商帮的新安会馆等。另外，在镇海有位于招宝山的闽浙会馆，在象山有闽广会馆、三山会馆等。

随着岁月的流逝、城市的变迁，宁波遗存于世的商帮会馆已为数不多了。据调查，现存较完整的会馆建筑有名可稽者仅余几座，其中最负盛名的是庆安会馆、安澜会馆和钱业会馆。

位于三江口的庆安会馆和安澜会馆是宁波市区唯一一处宫（天后宫）馆（会馆）合一的商帮会馆建筑群。

清代，当时经营南方贸易的称"南号"，主要经营福建的木

材；经营北方贸易的称"北号"，主要经营齐鲁的特产。"巨艘帆樯高插天，桅楼簇簇见朝烟。江干昔日荒凉地，半亩如今值十千。"（清·胡德《过甬东竹枝词》）昔日荒凉的江东地方，因南、北号商船停泊于此，成为最繁荣的帆船港之一和商人们争相开店的黄金地段。南号会馆建于清道光年间，取名"安澜"，意在"仰赖神佑，安定波澜"；北号会馆建于清咸丰三年（1853 年），取名"庆安"，寓"海不扬波庆兮安澜"之意。

两会馆之所以闻名于世，不仅因为它们在商业和妈祖文化上的影响，而且其建筑本身的匠心独运，在浙东也是首屈一指的。

庆安会馆主体建筑坐东朝西，占地面积约 3900 平方米，会馆的大门和周围内外墙垣和梁架上，都布满了砖雕、石雕和朱金木雕，而其中的龙凤石柱、砖雕宫门、戏台木藻井堪称浙东雕刻"三绝"。

龙凤石柱之"绝"，集中反映在正殿一对蟠龙石柱和一对凤凰牡丹石柱上。柱高 4 米多，采用了高浮雕和镂空相结合的雕刻技术，形态逼真，构思独特，配以精致的柱础，为国内罕见的石雕工艺精品。蟠龙石柱上的盘龙须眉怒张，倒挂攀附柱上，张牙舞爪，周身云雾翻滚，两只蝙蝠在云雾中上下飞舞；两根凤凰牡

图
⑤
庆安会馆石雕龙柱

图
④
庆安会馆垛头上的砖雕、石雕

图
③
庆安会馆龙凤石柱

丹石柱分立在两边,上半截是凤,下半截是凰,半露柱外,振翅欲飞。紧靠着凤凰石柱的墙面上各镶两块梅园石浅雕条屏,浮雕深度不到一厘米,将"西湖十景"图做了精雕细琢,与龙凤石柱一起形成了粗犷与细腻、动与静的韵律之美。

宫门是一个规模不大的砖制门楼,看得出这里的主人不希望会馆显山露水。正立面为砖墙门楼,门楣用14幅人物故事砖雕和仿木砖雕斗栱进行装饰,勒脚石雕凸板花结,墙面精工磨砖;门楣上有一块砖雕圣旨型竖状匾额,匾额两周是浮雕双龙

戏珠，中间浮雕"天后宫"三字。匾额两侧砖雕有"八仙"、"渔樵耕读"等人物故事（现为复建）和凤凰、狮子滚绣球等动物造型。

有戏台一般都会有藻井。庆安会馆前戏台的藻井是一个鸡笼顶，这个藻井用了数百花板榫接而成，朱金俯面亮丽炫目。藻井四角是四个代表福祉的变形蝙蝠，戏台四周木栏上雕有若干个龙吐珠的形象。最令人惊叹的就是戏台顶部四周的斗栱、挂落和花板，把宁波朱金木雕的精美工艺表现得淋漓尽致。花板使用浮雕手法，主要刻画了"三英战吕布"等三国故事；三条挂落则使用了透雕手法，雕出了三组双龙戏珠和凤戏牡丹图案；而斗栱则都化成了龙头和一只只展翅的凤凰；"出将""入相"之处也做成了龙状，背部的六幅侍女浮雕更是惟妙惟肖。

安澜会馆的建筑也同样不乏可圈可点之处。安澜会馆由宁波南号船商于清道光六年捐资兴建，世称"南号会馆"，与北号庆安会馆并立相对，也是同业航海之人聚会和祭祀妈祖的场所。安澜会馆整体建筑坐东朝西，依次为宫门、前戏台、大殿、后戏台和后殿，建筑面积达1700平方米。其建筑风格与庆安会馆略同，山墙为观音兜，高大肃穆。戏台玲珑精美，大殿气势宏伟，卷棚、雀替、栏额都有精致的朱金木雕图案，显得富丽堂皇。明、次三间栋梁饰有描金龙凤，栩栩如生，极为珍贵。建筑装饰中的砖雕、

图⑥　庆安会馆宫门上的砖雕

图⑦　庆安会馆前戏台

图⑧　庆安会馆浮雕牡丹石鼓凳

图⑨　庆安会馆如意祥云纹石柱础

挂落，我国传统建筑中额枋下的装饰构件，或用作划分室内空间。常用镂空的木格或雕花板做成。

7

8

9

观音兜山墙作为一种建筑形式，多见于宁波地区建筑山墙、门头，其外立面类似佛像中观音菩萨所戴的帽子式样，在民间有祈福保佑风调雨顺的意思。到了清末民初，西风东渐，巴洛克式观音兜的建造，成为宁波建筑中西合璧的代表之一。巴洛克建筑风格是德国首创，流行于欧洲的一种建筑样式。由于当时宁波一带在建筑方面多数请德国人作设计师。（如著名的灵桥即是德国西门子公司所设计）因此在民居建筑上添加了不少的巴洛克式建筑风格。巴洛克式观音兜也称带肩观音兜，即在原观音兜山墙中间削成一半圆，然后再呈网兜状，这也是区别清代与民国建筑的实物佐证。

石雕刻工精湛，图案华美。会馆内建有前后两戏台，与庆安会馆形成两个会馆、四个戏台的独特格局，为国内罕见。

安澜会馆迄今已有近 190 年历史，2000 年，宁波市政府将之迁建于庆安会馆南侧，使两会馆珠联璧合，相得益彰。

再说说钱业会馆。宁波的金融业，一向以钱庄为主体。据民国《鄞县通志》记载，甬上金融向以钱庄为枢纽，其盛时，资金在六万元以上的大同行有 36 家，一万元以上的小同行有 30 余家，最多时仅在市区多达 160 多家。宁波人向以勤奋聪明、经营有方著称。清道光年间（1821~1850 年），宁波钱庄首创"过账制"，即各行各业的资金收支，从使用现金改为借助钱庄进行汇转，实行统一清算。这意味着现代金融业的票据交换办法在我国的开始，与英国伦敦于 1833 年成立的票据交换所在时间上大致相同，而比纽约、巴黎、大阪、柏林等城市设立票据交换所的时间则要早得多。钱业会馆内迄今还收藏着记述宁波金融业发展概况以及建馆始末的石碑等。

钱业会馆位于市区东门口不远处的战船街 10 号。清同治三年（1864 年），钱业同业组织形式称钱业会商处，在江厦一带滨江庙设有公所，曾毁于兵火，后由钱庄业筹资重建。至民国 12 年（1923 年），因原有公所"湫隘不足治事"，乃购置建船厂跟

（今战船街）"平津会"房屋及基地一方，兴建新会馆，即现在的钱业会馆，至 1926 年竣工。它是昔日宁波金融业聚会、交易的场所。

　　会馆环境幽雅，水陆交通便利，是一座占地 1500 余平方米，青砖雕砌的砖木结构建筑，有前后两进、亭台楼阁、园林等。前进廊舍环绕，两旁有石刻、碑记，中有戏台；后进为议事厅，是旧时宁波金融业最高决策地。厅前亭园花草，清静幽雅，圆形砖窗嵌两条精雕盘龙，中西合璧式的建筑风格，别具特色。钱业会馆是全国唯一保存完整的钱庄业文物建筑。

【十四】

晨钟暮鼓

每天清晨和傍晚,西安上空就会响起钟鼓之声,人们会在鼓楼广场见到一队古装武士列队走过,红缨飒飒,金盔闪闪,或齐步或列队,引得市民和游客纷纷驻足。古城西安恢复了"晨钟暮鼓"这一古老的仪式,赋予了现代都市新内涵。

据《辞海》载,"晨钟暮鼓"原为寺庙中用以报时的早晚钟鼓。北周时,宇文觉称帝,建都长安,规定以钟鼓司晨,为皇家报时。以后逐代沿袭,并推广到全国,成为古代人民掌握时间的一种工具。唐宋以后,许多文人墨客把"晨钟暮鼓"喻为令人警悟的言语,如唐李咸用《山中》诗:"晨钟暮鼓不到耳,明月孤云长挂情。"

"谯楼鼓角晓连营",元代诗人陈孚的诗句,体现了鼓楼在我国历史上的特殊地位。古时鼓楼设有报时的刻漏和更鼓,日常击鼓报时;战时侦察瞭望,还负有保城池、抵外侮的使命。

宁波地区现存最有名的鼓楼是余姚舜江楼、镇海鼓楼和宁波鼓楼。

余姚舜江楼,亦称鼓楼,立于城墙之上,初建于元皇庆年间(1312~1313年),用以报时。明嘉靖三年楼毁,万历中期重建,并置钟鼓及云板。后屡毁屡建。现存建筑是按光绪十一年(1885年)原貌重修,重檐歇山顶,面阔七间,进深五间。稳健典雅的通济桥与古朴庄重的舜江楼构成了"长虹腾空,飞阁镇流"的联合体,成为姚城历史文化的象征。

镇海鼓楼在城区东部,是古县城军事建筑的一部分,主要用于瞭望和报时,为当时城中较高的建筑物。

镇海(古称定海)县城最初建于后梁开平三年(909年),城周仅450丈。南宋建炎三年(1129年)十二月,高宗赵构为避金兵追击,从宁波乘楼船率众去昌国(舟山)、温州前曾在镇海停留三天,相传曾在鼓楼上受过群臣朝拜。

明洪武二十年(1387年),为防倭寇及海盗入侵,信国公汤和拓城建定海卫,在原县城旧基上拓扩卫城周环至1288丈。洪

武二十九年（1396年），定海卫指挥使刘澄为便于观望军情，筑鼓楼于今址。楼以石台为基，占地500平方米。台高5.9米，长32.8米，宽16米，全用条石砌成。由石阶拾级登台，上建楼屋5间。楼内置有更鼓、铜钟、漏壶（古时一种计时器）等计时、报时设施，每天按时辰击鼓报时，使城内外军民得以知昏晓、时作息。还榜示四时节候于楼上。楼下为拱形通道，以2米长弧形条石砌成拱顶，离地5米。通道南北洞门各勒石额，南书"朝宗古迹"，北书"东南屏翰"。

清乾隆五十九年（1794年），县令汪诚若重建鼓楼屋宇，其时县名已改为"镇海"，故也称"镇海楼"。

宁波鼓楼是唐长庆元年（821年）建的子城南城门，是宁波唐时置州治所和建立城市的标志。

当年明州刺史韩察将州治从小溪镇迁到宁波三江口，以现在的中山广场到鼓楼这一带为中心，建起官署，又立木栅为城，后来又以大城砖石筑成城墙，历史上叫子城。子城的南城门就是现在的鼓楼。

值得一提的是中国历史上伟大的改革家北宋宰相王安石，在宋庆历八年（1048年）任鄞县县令时，几次登楼，面对生活在艰难困苦中的北宋人民，耳听着悠悠不断的钟鼓声，感慨万千，写下了千古流传的《新刻漏铭》，其文曰："自古在昔，挈壶有职。匪器则弊，人亡政息！其政谓何？勿棘勿迟，君子小人，兴息维时。东方未明，自公如之，彼宁不勤，得罪于时。厥荒懈废，乃政之疵。鸣呼有州，谨哉惟兹。兹惟其中，俾我后思。"这位十一世纪的著名政治家、改革家在铭中表示要以楼中的刻漏那样"勿棘勿迟"的速度来处理政事，要以刻漏那样勤于报时的精神来管理政治。从表面上看，王安石是为刻漏作铭，实际是一篇决心革弊维新的誓言书，也从此下定了其"革弊维新"之志。而正是在宁波这块土地上，他探索出了一套改革思路，积累了一些改革

3

的经验。

　　宋高宗时又改称鼓楼为"奉国军楼神祠"。宋高宗南渡，曾到过明州。传说宋高宗赵构被重兵追逐，逃到了鼓楼。当他逃进鼓楼时，忽见唐"安史之乱"时坚守商丘而殉难的五位将军——张巡、许远、南霁云、姚訚、雷万春打着旗帜，穿着戎装，列队前来迎接。在高宗躲进鼓楼后不久，金兵追至楼下，只见蛛网密布，一片荒凉，以为必无人进入，遂往他处搜寻。由此脱逃的赵构后下诏追封鼓楼为"奉国军楼神祠"，祠内置这五位将军之像以供奉仰。

　　明宣德九年（1434年），太守黄永鼎在唐、宋旧址上重建鼓楼，楼上正南面题名为"四明伟观"；北面悬额"声闻于天"。万历十三年（1585 年）鼓楼倾圮欲堕，太守蔡贵易重修时，采用了唐代诗人杜审言《和晋陵陆丞早春游望》诗中"独有宦游人，偏惊物候新。云霞出海曙，梅柳渡江春"之句意，改"四明伟观"为"海曙楼"，意取"波宁海定，沧海为曙"。

清代，鼓楼又经数次修建。鼓楼现存楼阁建筑为清咸丰五年（1855 年）由巡道段光清所督建。民国 24 年（1935 年），经当地人士提议，在鼓楼三层楼木结构建筑中间，建造了一座高 6 米多的正方形西式水泥钢骨瞭望台及警钟台，并置铜钟和现代机械标准大时钟一座，四面如一，既能报时，亦可报火警。这是民国初年不知哪位当权者的奇思妙想，把中国盛唐时代的传统建筑与外来的西洋建筑，奇妙地结合到一起，仅这一奇特之处就足够人们欣赏一番了。这种中西合璧的建筑式样在全国也是屈指可数的。2011 年，宁波鼓楼被公布为浙江省第六批文物保护单位。

宁波鼓楼，自唐以后，朝朝暮暮，声声钟鼓和鸣，响彻古城大街小巷。

1996 年起，每年除夕夜，宁波鼓楼上又撞响了辞旧迎新的钟声。1998 年起，宁波市政府着手改造月湖文化景区，此举为鼓楼恢复悠远厚重、深沉激越的钟鼓声带来了希望。月湖位于鼓楼的南面，两者相距很近。从鼓楼上看，月湖美丽的身姿婀娜动人；从月湖看，鼓楼雄伟壮丽。它们就像一对时间老人，深情地注视着甬城人民。

1000 多年前形成的月湖景区，至今还保存着大量明清古建筑群，除天一阁、林宅及许多文物点外，还有宝奎巷一带那"一伞遮两檐"的曲折巷弄小道，如果朝夕再能听到悠悠不息的钟鼓声，叫人不由得想起杜甫《游龙门奉先寺》诗："欲觉闻晨钟，令人发深省。"

奇构巧筑——宁波建筑文化

【十五】

学府重地：宁波的孔庙与学宫

（一）

儒家文化在漫长的中国历史中，成为中国传统文化的主体，即使在今天仍有很大的影响。儒家学说的创始人孔子从一介书生到被追封为大成至圣文宣王，祭祀他的庙——孔庙成为每个中国县城必有的圣地，也是中国古代县级以上城市必须设置的建筑物。孔子也从人变成了神，成为中国传统文化的象征。

孔庙与关帝庙（武庙）相对应，俗称文庙。孔庙在中国古代建筑史上占有重要地位，曲阜孔庙是中国现存三大古建筑群之一，它是全国各地孔庙的本源。其他地方的孔庙，形制依循曲阜孔庙，它们数量众多，遍及全国各地，清朝末年时全国共有1560多座孔庙。唐贞观四年（630年），唐太宗诏令各地学校中建孔子庙，因而产生了一种特殊的古建筑群类型——庙学建筑。庙学建筑是孔庙和中国古代地方官办学校（即学宫）的组合体，其中的孔庙是学宫的核心建筑，学宫是孔庙的存在依据。

地方庙学一般位于各地的府（州）、县城中，其建筑规模和标准在当地都是很高的，各地的地方志中都有关于庙学的记载，并且附有学宫图，由此可知地方庙学在中国建筑史和教育史上都

图14 保国寺古代总平面图

中国大型古建筑群平面布局的特点是有一条明显的中轴线,在中轴线上布置主要的建筑物,在中轴线的两旁布置陪衬的建筑物。这种布局主次分明,左右对称。在中轴线的两旁布置陪衬的建筑,整齐划一,两厢对称,如山门的两边有旁门,大殿的两旁有配殿,其余殿楼的两旁有廊庑、配殿等等。工匠们运用了烘云托月,绿叶托红花等手法,衬托出主要建筑的庄严雄伟。

以保国寺为例,中轴线上建筑主要有山门、天王殿、大殿、观音殿、藏经楼等。东西轴(两侧)为钟、鼓楼、僧房、斋堂、厢房等等。

占有很重要的地位。例如宁波孔庙、鄞县孔庙在历代《宁波府志》和《鄞县通志》上都有专门章节记载,附有详尽的建筑图纸。

在孔庙系列中,太学国庙和曲阜祖庙处于最高等级,而府之庙学又高于县之庙学,但同为孔庙,无论级别高低,其精神如一,在建筑构成和祭祀活动上大体都依循一套共同遵守的原则。

从建筑上说,绝大多数孔庙都有棂星门、泮池、大成门、大成殿、东西庑、尊经阁、明伦堂、敬一亭、崇圣祠、乡贤祠、名宦祠,建筑布局大多是中轴分明,左右对称。

从祭祀的角度说,孔庙主祭孔子外,又有四配、十二哲以及历代先贤先儒、各地乡贤名宦等。孔庙祭祀仪式也因时代不同而有所改变,但唐宋以后逐渐形成一套专用于孔庙的祭仪"释奠"。

"释奠"又称"丁祭",这种祭仪规定在每季度的仲月(二月、五月、八月、十一月)上丁日举行。

从资料统计看,地方庙学一般位于县、州、府官署衙门所在的县、州、府城之中,其位置大多数在城东南或西南,府治所在的城中往往有府庙学和县庙学多座。旧时宁波就有8座孔庙学宫,分别是慈溪、余姚、镇海、奉化、宁海、象山等县学,在宁波城内分别有宁波府学和鄞县县学。时至今日,只有镇海和慈溪(慈城)

的孔庙保存下来，宁波市区的两座孔庙和象山的孔庙都已不存在，而宁海、奉化、余姚三地的孔庙，历经沧桑后，留存部分遗迹供今人凭吊。

（二）

宁海最初的孔庙，建于唐开元年间（713~741年），位于东郊（今东观山）。宋庆历四年（1044年），县内始有学校，设教授官。嘉祐四年（1059年），孔庙与学校合二为一。几经迁徙后，于南宋绍兴六年（1136年），县令钱浚将孔庙迁到县城西南隅（今宁海宾馆及城南小学一带）。孔庙建筑总体在20世纪70年代全部被拆，现在只剩下一座泮池和圜桥了。

奉化从唐开元二十六年（738年）设县以后，按常规设立了孔庙，其故地在锦屏山东麓。最初仅为尊孔、祭祀的场所，北宋时开始在其中设立县学，南宋绍兴年间（1131~1162年）迁至城内。

现孔庙只剩下孔圣殿这一主体建筑和泮池、跨鳌桥，其他已荡然无存。孔圣殿是清咸丰八年（1858年）重新修葺的，殿前植古柏数株。它的结构造型是歇山重檐，四周翘角高耸，屋顶饰

图② 宁海孔庙泮池全景

图③ 宁海孔庙泮池桥莲花望柱头

以鸱尾，巍峨高大，气宇轩昂，且庄重肃穆，既古朴而又典雅，是奉化城区唯一的殿宇式建筑。泮桥是单座的单孔石拱桥，桥全长17米，拱券净跨3.6米，采用镶边块石纵联砌置，桥墙上伸出4个荷叶包头雕饰。它的砌置方式和荷叶包头雕饰，在宁波现存石拱桥中是较为少见的。

余姚孔庙学宫位于江南学弄实验小学东首，是宋庆历七年（1047年）县令谢景初兴建的，直到清光绪三十一年（1905年）废科举时才完成它的历史使命。800多年来，学宫曾为"文献名邦"的余姚培养出许多人才。如今大殿等建筑不存，只有泮桥尚留。1985年填河拓路时，此桥按原样迁到龙泉山北麓的青少年宫后面，成了一座旱桥保留下来，桥形为单孔石拱桥，净宽2.68米，桥栏外侧一面刻桥名"棂星桥"，另一面刻"巽水源流"。

（三）

唐开元二十六年（公元738年），设立明州，州学也随州治建在小溪（现鄞江桥）。贞元四年（公元788年），刺史王沐在州学内建大成殿，同样经历了先学后庙，庙学合一的过程。

唐长庆元年（821年），州治从小溪迁至三江口，并建子城，为

其后一千多年宁波城市的发展奠定了基础,州学也一同迁来。

从北宋天禧二年(1018年)起,府学一直设在如今的中山广场址内。庆历八年(1048年),鄞县令王安石以庙为学,建起了鄞县县学,后毁于金兵入侵。南宋嘉定十三年(1220年)重建县学于宝云寺西威果指挥营废营旧址(现市第一医院西半部)。元、明、清三代地址未变,且有扩建。民国后县学废。20世纪60年代,县学的建筑还保存得相当完好,可惜如今主体建筑已不存,只剩门楼。该门楼为面阔三开间的八字牌楼式,歇山式屋顶,四个翼角高高翘起。屋檐下所饰如意斗栱,精巧完整。另外尚留下一条以"县学"为名的县学街。

1997年,为配合中山广场的建设,文物工作者对市区解放北路原体育场(如今的中山广场)内的孔庙遗址进行了抢救性考古发掘,涉及面积1000平方米,主要遗迹有大成殿遗址、泮池等。如今的中山广场内有一个泮桥残墩,是当年孔庙遗址考古时,从地下挖出来并保留下来,罩上玻璃顶,设置了一块"宁

图⑤ 原鄞县县学门楼

图⑥ 宁波孔庙泮池遗址

图⑦ 镇海孔庙大成殿

图⑧ 镇海孔庙大成门

波孔庙泮池遗址"牌，成为人们了解宁波府学的一个历史遗迹。而宁波府学孔庙中的三重檐歇山顶建筑"尊经阁"，早在民国时期就已迁到天一阁内。

（四）

镇海孔庙位于镇海中学内，现存大成殿、大成门、泮池、砚池。大成殿在明万历二十五年（1597年）毁，县令丁鸿阳重建。清光绪二十二年（1896年），盛炳纬等集资大修。1937年，邑人捐资落架重修，改为钢筋混凝土结构，占地面积580平方米，坐北朝南，面阔五间单层，进深四柱九檩四周廊，为五架前后双步梁结构，重檐歇山顶，朱椽青筒瓦。

慈城孔庙地处慈城镇中心，现为浙东地区唯一保存完整的一座孔庙。许多比慈城孔庙还要壮观的孔庙至今大都已荡然无存，人们只能从文字记载和图片中寻觅一些史迹，而慈城孔庙百余年来，在历经了战火后却顽强地留存下来，实在难得。

据慈溪县志记载，北宋雍熙元年（984年），县令李昭文为培育治国人材，始建县学于县治四十步。庆历八年（1048年），县令林肇徙建于今址，由鄞县令王安石撰《慈溪县学记》碑文，并

图
⑩
慈城孔庙棂星门

图
⑨
慈城孔庙「一应文武官员军民人等至此下马」碑

贻书招邑人宿学杜醇为诸生师。经历代战乱沧桑，孔庙屡有兴废，逐渐形成了现在的规模。

慈城孔庙建筑采取前庙后学宫格局，总体平面按中、东、西三轴线布局，规划工整，气势宏大，体现出儒家"中和为美"的审美标准。

慈城孔庙的平面布局以小见大，各类功能建筑集全。比起大型孔庙，例如占地面积2万平方米以上的北京孔庙和四川德阳文庙，慈城孔庙的面积大约只有它们的三分之一，但是游客参观后感觉慈城孔庙比前两者的面积还要大。这是因为慈城孔庙利用了移步换景、借景、重重门等手法，把视觉尺度拉大。慈城孔庙的平面设计者特别擅长螺蛳壳里做道场，场地利用率极高，类似苏州古典园林以小见大，豁然开朗的平面布局。

慈城古建筑群（孔庙）于2006年6月被国务院公布为第六批全国重点文物保护单位，2009年获联合国"文化遗产保护荣誉奖"。它是浙江省唯一获此殊荣的建筑群。

图⑭ 慈城孔庙大成殿

图⑬ 慈城孔庙梯云亭

图⑫ 慈城孔庙泮池桥

图⑪ 慈城孔庙大成门

图⑱ 慈城孔庙孔子像

图⑰ 慈城孔庙六畜祠

图⑯ 慈城孔庙孔子神像

图⑮ 慈城孔庙明伦堂学者讲学处

图⑲ 慈城孔庙联合国"文化遗产保护荣誉奖"

【十六】

浙东一绝：林宅的雕刻艺术

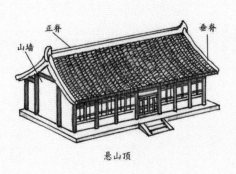

正脊　垂脊　山墙

悬山顶

悬山顶,即悬山式屋顶,宋朝时称"不厦两头造",清朝称"悬山"、"挑山",又名"出山",是中国古代建筑的一种屋顶样式。在古代,悬山顶等级上低于庑殿顶和歇山顶,仅高于硬山顶,只用于民间建筑,特点是屋檐悬伸在山墙以外。凡是较重要的建筑,都没有用悬山顶的。

宁波地处山海之间,杭州湾及甬江之口,物产丰盈,交通便捷,是中国东南沿海的重要港口。宁波人的勤劳本性,加上大自然的慷慨厚赐,使宁波人世代善于贸易、远航,向外发展,以致获得"无宁不成市"的美誉。在经济昌盛的基础上,宁波文化发达,重视功名,大儒辈出,历代中举率名列前茅,达官显贵比比皆是。甬人深晓商、儒、官之间的关系,他们在一定条件下,将商品经济与缙绅经济巧妙地互相促进、转化,从而给本乡带来大量财富。为了光宗耀祖、显赫门庭,缙绅、富商不惜费巨资在故里大兴土木,寺庙雄丽,祠堂肃穆,宅第恢宏,园林深秀,藻饰豪华,雕刻精细,可谓竭尽其能。尤其是照墙、门楼、屏风等处,大量运用木雕、石雕和砖雕"三雕"技术,成为主人显示身份、工匠施展技艺的最佳部位。

"三雕"虽非古建筑的主体,仅为配件、附属品,但是它的点缀、藻饰作用具有画龙点睛之妙,使疏朗、单调、框架式的建筑主体因之而富丽堂皇、美轮美奂、充满生气。

特别是明清时期遗留下来的雕刻器物,其内容丰富翔实,形象逼真,立体性强,足见古代宁波人在雕刻艺术上的深厚功底。

此类充分布饰"三雕"的古建筑在昔日宁波地区随处可见。这些曾彩灯高悬、欢宴宾客,极一时之盛的祠庙、宅第,历经自然

图① 林宅砖雕门楼

和社会的风雨变迁，至今所剩寥寥无几，其中绝大多数已破败不堪，甚至濒临倾塌。硕果仅存的林宅称得上保存较为完好的浙东地区雕刻艺术集大成者。

林宅是宁波城区现存规模较大、格局完整、雕刻精美的传统民居建筑，建筑布局疏密有致，装饰外素内秀，集中体现了浙东清中晚期民居院落的建筑特征。林宅作为我市砖雕、石雕、木雕艺术最集中、最精致、内容最丰富之处，对研究宁波乃至浙东雕刻艺术和建筑装饰艺术，具有重要价值。

宁波镇明路南段紫金巷内的林宅，是甬上"南湖林氏"的林钟峤、林钟华兄弟于清同治年间（1862~1874年）所建。据传，林宅所用大木都从福建购买，房屋和花园经过林氏兄弟精心推敲设计，历经数年施工，才有这三门四进五天井五开间二弄的大院深宅落成。

林宅占地面积约3400平方米。大门、仪门、影壁、宅西南庭园排列于前，中轴线上主体建筑坐北朝南，有照壁、轿厅、正楼、后楼等建筑，东西两厢为重檐建筑。大门前原有紫金河，河上有紫金桥，背靠镇明岭。

头门位于建筑的东侧，朝南为一座高耸的牌楼悬山顶砖雕门楼，高约7米，宽约3.5米。正面中书"庆云崇霭"，左右各有

两幅人物砖雕，其下还有高浮雕的人物故事，石额枋上有龙纹。立柱上雕刻环形寿字、如意、莲花及万福。背面中书"春风及第"及"喜鹊报喜"花鸟浮雕，总体算起来大约有26种不同内容的雕刻。进门壁上有"八骏图"、"太师少师图"、"丹凤朝阳"等内容的砖雕，题材丰富，雕刻的工艺十分精湛。

仪门朝东，为一木结构建筑。所谓仪门即为礼仪之门，宅内人等一般不出仪门，特别是女眷们到此为止，而外访宾客经主人允准进入仪门，主人在此相迎。

仪门门枕石刻有回纹及莲花，线条粗犷。柱、横枋上雕刻着草龙、莲花、如意、蝙蝠，以及"玉泉鱼跃"等木雕，造型生动而别致。门墩为一小石狮，体态可爱。门枋雀替两边各有两对石狮如意透雕。飞檐、昂和斗栱制作精巧，斗栱为一斗二升，均饰有云纹或水纹，真可谓有木必雕。

进仪门，前为高大华丽的影壁，影壁的上半部是采用"高浮雕"、"深雕"、"透雕"手法雕刻的"八仙"、"福禄寿"、"和合神仙"、"九老图"和"二十四孝子"等。四周围饰以灵芝仙草、兰花水仙等奇草异卉，加上楼台亭阁、山川舟桥、卷云花草等，这些丰富多彩的内容集中在约半平方米的画面上，并作了多层次的制作，情景交融，布局巧妙。

与仪门相对的是宅西南的小花园（"兰亭"），其内有仿照晋代大书法家王羲之《兰亭集序》中"此地有崇山峻岭茂林修竹，又有清流激湍，映带左右"的文意而建造的兰亭、假山、水池、亭园，占地虽小，却有山川湍波、曲径通幽之感。壁上嵌有明代著名书画家董其昌所书《兰亭集序》，文学家、书画家陈继儒题跋。

中轴线上的轿厅为三开间单檐硬山式，左右两厢当为轿夫或侍者住地，或辟为小茶厅"明轩"之类。中间门道内外梁架上、牛腿及槛板均施雕刻，题材丰富，有龙、卷草、云头。东西次间、梢间的檐下壁上刻有极其精致的"放牧图"、"耕织图"、"丰收图"等条形砖雕，门道额枋、檐头、窗饰、马头墙上均嵌有"仕女葬花"、"松鼠偷桃"、"云幅戏游"、"吉祥发财"等题材的雕刻。次梢间砖制花窗上图案规正，统一大方。

前厅、正房及后房木构件的纹饰与屋顶上的雕刻装饰类同，饰有凤、卷草及云纹。可惜屋脊上"三星"已毁。前厅与正房间的天井，中间有两道对向的影壁，壁檐下嵌有"秋江诗酒行舟图"等中国传统文化意识图案。画面情节丰富生动，趣味盎然。

整个林宅建筑外观较为简素，但内部装修极尽繁华，体现了含蓄内敛的宁波儒学品性。大门偏东设置，内部多设避弄、影壁和高墙，体现了浙东深宅大院对"藏而不露"、"曲径通幽"的追

求。整组建筑集木雕、砖雕、石雕艺术于一体，题材丰富、构图精巧、刀法简练。现存共有雕刻图案近 250 幅，其中石雕、砖雕 180 多幅，木雕 50 多幅，还有各种不同类型的装饰图案，瓦当、沟头、彩画等，分布于林宅各处，可谓浙东民居的"三雕艺术博物馆"。

林宅的雕刻图案多种多样，按雕刻形式分，有木雕、石雕、砖雕；按图案造型类别，可分为动物、植物、几何图形、历史传记花样、文字花样、器具花样等六类。林宅中常见的雕刻图案，是民间吉祥艺术的一种语言表达形式，它的核心是民俗和民风的体现，其图案装饰艺术的形式与意蕴互相印证，丰富多彩。我们不

图⑬ 大厅前廊单步梁

图⑫ 大厅明间

图⑪ 大厅立面

浙东一绝：林宅的雕刻艺术

199

妨一一来认识。

事事如意：形容所有的事情都如意，借"柿"、"狮"与"事"的谐音来表示。上述植物和狮子又都有吉祥之意。例如林宅有门墩小石狮以及两对如意透雕狮。狮子表示宅院数代承前启后，丁嗣昌盛，吉庆发达。

"福寿双全"和"五蝠捧寿"："福"是福气，"寿"是长寿的意思，福寿双全是人们美好的愿望。一般用动物蝙蝠或案品中的佛手，来表示"福"；"寿"多以寿桃、寿石、寿字、青松、仙鹤等图案来表示。林宅中蝙蝠与寿的图案随处可见。

岁寒三友：指松、竹、梅三物。松是四季常青的树木，人们以它作为坚贞不屈、意志刚强、长青不老的象征。竹象征风度潇洒，经历四季风雨挺而不傲，虚心正直抗霜雪而不凋的君子气质。梅以冰肌玉骨、傲雪开放、清香幽雅而为人们所喜爱，象征了一种高洁的品格。林宅砖雕门楼上的"岁寒三友"说明了作为举人的主人对待朋友、友谊的态度。

八骏图："八骏"，原为周穆王之坐骑，"足不践土，身有肉翅，行越飞禽，夜行万里"，故又称"八天马"，能上天入海，天马行空。林宅的八骏图由八匹深浮雕骏马和卷云头组成，各匹马神采各异，或立或坐或作长嘶状或腾空飞跃，雕刻工艺恰到好处，并有

"春风得意马蹄疾"的寓意。

君子之交（又称芝兰之交）：比喻与友人的来往，如"入芝兰之室，久不闻其香，则与之化矣"。图案中一般有兰草、灵芝和礁石，"礁""交"同音。

玉树临风：以玉兰花象征洁白高雅，它与牡丹组成的图案则谓"玉堂富贵"。

琴棋书画：历来受文人墨客所喜爱，也是雕刻中常用素材。

八仙：常见的是"明八仙"，即人物图案。明清以后逐渐用八仙使用的兵器来暗示八仙，即所谓"暗八仙"图案。

国色天香：指牡丹。牡丹在我国被誉为"花中之王"，是色、香双绝的名花，多以它象征富贵荣华。

林宅的放牧图、耕织图、娱乐图、丰收图位于一条长约 4 米、宽 0.3 米的条形砖雕上，每幅图案之间有花鸟图隔开，人物有老少男女，不同神态的人物总计约有 60 多个。

林宅的仕女葬花图位于马头墙端面，长 0.35 米，宽 0.25 米。仕女体态丰满，衣服层次鲜明，肩上背有锄头和花篮，其右有一小鹿。

尾龙、草纹：明清以来在雕刻图案中常用变形的龙凤及花草来代表某物，林宅中也最常见。

秋江诗酒行舟图连环雕：当通过幽深的暗弄之后，豁然开朗，来到了前厅与正房之间，这里是柳暗花明的第四明堂，林宅中最精彩的雕刻应数位于此天井内的一对相向影壁（也有说是屏风墙），这种砖雕屏风墙在江浙一带建筑中也属少见。屏风墙高约 2.8 米，长约 7.5 米，厚 0.32 米，其上有一长 7.5 米、宽 0.25 米的条形砖雕。条形砖雕由 8 块版面组成，为秋江诗酒行舟图连环画式图案，版面之间由动植物题材的雕刻相隔。其中一幅明山秀水中，船上的才子佳人们露出一张张美丽的笑脸，惟妙惟肖，水浪、山川、远处的亭阁、两只船、船上的摆设、梢公，都刻画

得清清楚楚：佳人在船上正往河里倒水，才子立于后一只船，翘首目视佳人，眉目传神，精巧生动，细腻无比。还有一幅佳人正从门里探出头来，身子一半露出门外，一半藏于门后，衣褶线条深入浅出，屋顶瓦片有棱有角，俨然一幅工笔画。

条形雕下面是四个方正的砖漏窗，尺寸、形制基本一致，内容大致为"四福齐至"、"福寿无比"等。

从这对砖雕屏风墙我们可以看到，当时在建造此宅时，可谓匠心独具，使建筑在满足居住功能的前提下，呈现精神文化之美，又因暴露了砖头的质感和色彩，有真实感、亲切感，林宅的雕刻艺术不愧为浙东一绝。

图⑯ "四福齐至"、"福寿无比"砖雕花窗

图⑮ 秋江诗酒行舟图连环雕

【十七】

家族的纽带：宁波的祠堂建筑

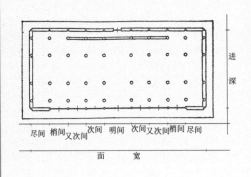

面阔，指木构建筑正面两檐柱间的水平距离，各开间之和为"通面阔"，中间一间为"明间"，左右侧为"次间"，再外为"梢间"，最外的称为"尽间"，九间以上增加次间的间数。

进深，指建筑物纵深各间的长度，即位于同一直线上相邻两柱中心线间的水平距离。各间进深总和称通进深。

（一）

在名城宁波城乡行走，经常能看到一两幢与众不同的房子，墙头高耸，四角飞翘；讲究些的里面雕梁画栋，庭院深深。虽然建筑规模上有些区别，但它们都有一个共同之处，就是厚实的大门上方都挂有一匾，上书"某氏祠堂"几个黑底金漆大字。

在中国古代封建社会里，家族观念相当深刻，往往一个村落就生活着一个姓的一个家族或者几个家族，多建立自己的家庙祭祀祖先。这种家庙一般称作"祠堂"，其中有宗祠、支祠和家祠之分。"祠堂"这个名称最早出现于汉代，当时祠堂均建于墓所，曰墓祠；南宋朱熹《家礼》立祠堂之制，从此称家庙为祠堂。当时修建祠堂有等级之限，民间不得立祠。到明代嘉靖"许民间皆联宗立庙"，后来只有受过皇帝封赏或封过侯的姓氏才可称"家庙"，其余称宗祠。[1]

宗祠作为我国特有的一种传统文化形式，它的存在是与千百年来根深蒂固的家族观念分不开的。旧时，一个大族集居的村落往往都建有一个祠堂，而祠堂的规模又往往依附于家族

---

[1]　钱杭：《中国宗族史研究入门》，复旦大学出版社，2009 年版。

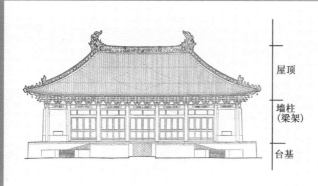

屋顶

墙柱
(梁架)

台基

我国古建筑以木结构为主要特色,一幢单体的建筑立面,主要由三要素组成:屋顶、墙柱(梁架)、台基。

的财势。如果这个家族有财有势,那么他们的祠堂就讲究,从而成为这个家族光宗耀祖的一种象征。

祠堂是族人祭祀祖先或先贤的场所,祠堂有多种用途。除了"崇宗祀祖"之用外,各房子孙平时有办理婚、丧、寿、喜等事时,便利用这些宽畅的祠堂作为活动之用。另外,族亲们有时为了商议族内的重要事务,也利用祠堂作为聚会场所。

祠堂作为一种文化,在我国已经有几千年的历史。由最开始的供奉和祭祀祖先,逐渐演变成为一种维系同族人情感的纽带。通过祠堂内保存的各种匾额、族谱等资料,我们可以了解该族姓人在历史长河中的产生、发展和迁移等情况,从中也可以略窥各个时期的一些社会和文化信息。如今,在宁波城乡,许多地方的祠堂都已修缮一新,并得到了很好的保护,成为后人凭吊故人、缅怀历史的去处。

(二)

宁波地区历史悠久,各县(市、区)都有大量的宗祠建筑留存下来。这其中,海曙区的秦氏支祠、张家祠堂,余姚的泗门谢氏始祖祠堂,鄞州区的蔡氏宗祠等可作为代表。

1. 最精美的秦氏支祠

　　秦氏支祠 2001 年 6 月作为第五批全国重点文物保护单位并入天一阁博物馆。祠系秦氏后裔、旧时宁波钱业巨子秦际瀚所建,竣工于民国十四年(1925 年)。

　　关于秦氏支祠的来历,有这样一个传说:

　　1921 年前后,上海十里洋场有位经商的宁波籍青年秦际瀚先生,他有幸结识了一位经营颜料的德国商人。众所周知,德国是近代世界化学工业最发达的国家,当时我国绝大多数的颜料是从德国进口的。当时第一次世界大战刚刚结束,该德国商人急于回国去看望亲人,就与秦先生商量,想以手头上的颜料换点资金回国去。秦先生为解朋友的燃眉之急,以并不太高的代价,换回了一铺子的颜料。不久,行情突变,由于欧洲战事,颜料进口一度中断,而上海的纺织业却蒸蒸日上,市场上颜料的价格顿时因供不应求而暴涨数十倍,秦一夜之间成了巨富。掘到"第一桶金",秦家又相继投资利润丰厚、风险较小的钱庄和地产业,财

图①
秦氏支祠外景,前为马眼漕河

图②
秦氏支祠天井院落

富如滚雪球般越滚越大。为了光宗耀祖，1923年秦际瀚回宁波老家时，鉴于当时镇明路章耆巷的秦氏宗祠已十分破旧，提出由他来重建秦氏宗祠。一个年纪轻轻的晚辈，有了点钱，就口出狂言，要建宗祠，令族内长辈十分尴尬和不满，况且从世系排列，秦先生也非秦氏之嫡系。经过讨价还价，双方达成协议，宗祠不能建，只允许建支祠。秦际瀚憋着一口气，要让自己建的支祠远远超过宗祠。经过物色，他选中了月湖边马眼漕这一风水宝地，风景优美又闹中取静。经过精心物色，胡荣记营造厂承担了建造秦氏支祠的重任。于是集中了当时宁波最优秀的木工、泥工、漆匠、石匠等建筑人才，择吉日良辰，破土动工。据说，为建此祠堂，胡荣记营造厂施工人员废寝忘食，极其投入，按现在的说法是为了打造一个自己的"品牌工程"，施工中发现质量稍有问题，即推倒重来，或另换重做。如有一块石凳是因质量稍差被换下的，却看不出有何明显毛病，也有人认为可能是试样的样品。经过两年努力，至1925年，一座规模空前的祠堂终于屹立于月湖旁。

秦氏支祠坐北朝南，北靠天一阁东园，南临马眼漕河，全部建筑共三进，平面布局呈纵长方形，南北向轴线上分别由照壁、

门厅、戏台、大厅和后楼联成一条中轴线,东西两侧配以厢房,组成一个规模宏大的木结构建筑群,总占地面积近 2000 平方米,共耗银二十余万元。该建筑的装饰,综合了历代宁波地方传统工艺的特色和风格,突出的是使用了大量的朱金木雕。此外尚有黄杨木雕、石雕和砖雕。这样的规模和档次在一般民间祠堂类建筑中是极为罕见的。它作为民国初期建筑的代表作品,是研究 20 世纪初期建筑和雕刻艺术的珍贵实物资料。

2. 明清祠堂中的佼佼者谢氏始祖祠堂

谢氏始祖祠堂位于余姚市泗门镇后塘河村。泗门谢氏在明代分房十八支,每房支都建有祠堂。如今,这些房支祠堂皆已不存,唯有"四门谢氏始祖祠堂"仍保存完好。该祠堂位于后塘河村,当地人称"大祠堂",始建于明正德年间,由谢迁倡议、谢丕承建。谢丕是谢迁第二子,弘治十八年(1505 年)中殿试一甲第三名(探花),官至吏部左侍郎兼翰林学士掌院事。大祠堂正门阳额上"四门谢氏始祖祠堂"八个大字,为明代谢正所书。谢正是谢迁长子,以父荫授中书舍人,后入文渊阁办事,预修皇史,升礼部员外郎,敕封辽主副使。谢正精四体书法,《东山志》说他"真

草出入颜赵间,篆隶尤有秦汉人风致,西涯李公雅敬服之"。

进正门,里面三大进十五间。第一进中间奉迁姚始祖长二公神主像,东西分奉十八昭穆神主像。第二进中间奉三太傅主像,即晋太傅谢安、宋太傅谢深甫、明太傅谢迁,东西分奉于贤公(即谢选)、汝湖公(即谢丕)神主像。一、二两进都是高大的宫殿式平房,非常开阔气派。第三进为楼房,奉晋朝时迁江南始祖伯登公神主像,东西分奉绳武公、道渊公神主像。第三进建筑风格与前两进截然不同,木件雕刻极为细致,有鲜明的徽派建筑风格。东侧楼下墙壁上嵌着一块石碑，字体圆润饱满，没有书写者落款，据考证是前清举人谢家山十岁时所书。祠堂东侧有八间平房，解放前为管祠人所住。再东首房子为停灯棚。泗门元宵灯会曾是余姚境内规模最大的灯会，起源于元代，已有600多年的历史。祠堂西首有五间平房，为谢氏积谷仓。整个祠堂占地2200平方米，规模之大、保存之完整，为浙东地区所罕见。

祠堂在同治壬戌年（1862年）遭太平天国军焚毁，光绪三年（1877年）由宗长谢盈松主持重建，唯外墙正门石结构、"四门谢氏始祖祀堂"横额为明正德年初建时原物。

3. 宁波早期祠堂的代表明代张家祠堂

海曙区青石街70号的张家祠堂，为宁波现存少数明代建筑之一，也是宁波早期祠堂建筑的代表，现为宁波市级文物保护点。据调查，明代，青石街有张士培及张锡锟、张锡璜等名人聚居于此，祠堂应为其族人所建。黄宗羲晚年曾在张家祠堂讲学，是浙东学派的主要传播基地之一。

祠堂坐北朝南，中轴线上由门厅和正厅组成，总占地面积465平方米，建筑面积335.5平方米。门厅为五开间，三柱五檩，

中间明间为入口大门。山墙采用观音兜式。正厅面阔三间两弄，明间五柱九檩，次间及过弄七柱九檩，抬梁穿斗混合式结构，梁架用材硕大，装饰素雅，柱础中间腹鼓，均体现了明代建筑风格。

4. 罕见的男祠、女祠合一的蔡氏宗祠

位于鄞州区潘火桥村的蔡氏宗祠，始建于1588年，距今有420多年的历史，现存建筑建于清同治年间的1870年，有140多年历史。建筑布局形式、营造工艺和做法等代表了宁波传统宗祠建筑的特征，建筑群面积较大，特别是后进正厅屋高近9米，用材规格硕大，在宁波乃至浙江地区极为罕见。另外，蔡氏宗祠是全国罕见的男祠、女祠合一的宗祠，在浙江一带尚属首例，也可证明从1870年起，蔡氏一族就已经打破了女人不能进祠堂的封建观念，这在当时是十分罕见的。

（三）

祠堂作为具有特殊用途的建筑，其选址、布局、组成都有严

格的规制，同时受地域文化和家族理念的影响，不同地域、不同家族的祠堂亦各有特点。考察宁波的祠堂建筑，大致有以下几个特点。

1. "天人合一"的选址理念

人们把祠堂风水的好坏看作宗族兴衰的关键，所以新建祠堂选置十分讲究，一般要求注意龙脉和生气来源，背山面水，明堂宽大，方正，水口收藏。按风水定律"左环右抱必有气"，择地通常背实向虚，十分讲究方位，一般坐北朝南或者坐西朝东，也有根据特殊龙脉条件选择的其他方位。总之，祠堂建筑的选址、朝向、形式、布局必须考虑家族兴旺与发达的直接元素和表现"天人合一"的理念，即选择风水宝地。

有的祠堂采用孔庙中泮池的平面布局，即采用过去学宫中礼仪性的设施，暗中希望自己家族有更多的子孙"进学""入泮"成为科举人才；另一方面，民间还认为水池是"聚财"的象征，同时又有消防灭火的实际意义。例如，秦氏支祠选中了月湖边马眼漕这一风水宝地，风景优美又闹中取静，而马眼漕也是宁波地区祠堂前最大的水池。其他如西店镇邬氏宗祠，沿中轴线上前天井中设泮池、泮桥。

泗门谢氏始祖祠堂前的河泊中还有"文房四宝"，自北向南依次为"墨、砚、笔架山、白纸"，都是人工堆积而成。如三个小土包堆成山丘状，称"笔架山"，山上植树意为"毛笔"，河泊象征白纸，"砚"是一个深水漕，通年不会干涸，"墨"则是一个形似圆墨的小岛。

2.财力决定祠堂的规模和装饰

祠堂建筑的组织和布局是有规制的，总体布局有共同之处，大体上可分为门前广场、戏台、大门、围墙、天井、享堂、拜堂、寝堂、辅助用房等几个部分，至于规模大小，则根据家族的经济实力而定。

如秦氏支祠全部建筑共三进，平面布局呈纵长方形，南北向轴线上分别由照壁、门厅、戏台、大厅和后楼联成一条中轴线，东西两侧配以厢房，组成一个规模宏大的木结构建筑群，总占地面积近 2000 平方米。

我国古代建筑装饰以彩画和雕刻为主，两者都具有悠久的历史和鲜明的民族特色。彩画起着保护木料和美化建筑的双重作用，雕刻则赋予建筑生动造型。建筑雕刻技术始于原始社会中晚期出现的泥塑，隋唐、宋元时期有了划时代的深度发展，到明清两代已经形成了一套完整的传统工艺，砖雕、木雕、石雕各具特点，石雕、砖雕主要作为外观装饰，集中使用在台基、大门或厅堂、山头、屋脊等处，木雕主要作为内檐装饰。

宁海县桃源街道应家山村陈姓宗祠戏台藻井精美，施以彩绘，某些图案用明暗法、透视法，极具立体感。

张家祠堂是明代建筑，砖雕式台门，上有彩绘，可以说是宁波祠堂建筑中最早的彩绘。

匾额、柱楹与石碑是祠堂建筑的点睛之处，或语言简练，寓意深长，或文采激扬，趣意盎然，特别是名人题写的匾额、柱楹尤为珍贵。慈溪孙家境祠堂大厅明间正中悬挂"燕翼堂"大匾，泗门谢氏始祖祠堂匾额仍为明正德年初建时原物，鄞州区云龙镇黄氏宗祠立于清康熙六十年（1721年）的"唐始祖太傅公瞻田碑记"碑石，诉说着黄氏家族先人当年的辉煌历史。

3. 祠堂的标志建筑体现业主身份

　　古代建祠堂规制中有一条：宗族中有四品以上官位的，才允许在祠堂门前竖立高大的旗杆。民国后改制，为表彰百岁老人或在海外经商、发家致富后对家乡作出显著贡献者，可在祠堂门前竖立旗杆，所以名门望族的祠堂大门前大都设有旗杆。

　　立于祠堂大门前方的牌坊是品德高尚、地位尊贵的象征，牌坊上的雕刻越精美就越能显示出先人的高洁和后世的虔诚。牌坊在用材上有石牌坊、木牌坊,宁波地区基本上是石牌坊。泗门谢氏始祖祠堂前的大通路上,原有两座牌坊,东为"太傅流芳",西为"东山并秀",坊额为明代余姚三阁老之一的吕本所书,可惜俱毁。

规模较大的祠堂都有戏台。戏台有南北之分,南方戏台轻盈飘逸让人回味,北方戏台厚重敦实独具风韵。显然戏台成了祠堂最重要的组成部分。宁波上规模的祠堂基本上都设置有戏台,例如秦氏支祠戏台还是宁波近代戏台中最精美的一座。

【十八】

宁波最早的西式建筑：「殖民地」式建筑

目前可以看到的科林斯式古希腊建筑,首推位于雅典的宙斯神庙。相传古时候在科林斯这个地方有个美丽的少女,正当她快要出嫁时,突然生急病去世了。家里人都很悲伤,与她日夜相处的一个保姆更为伤心,于是把少女小时候玩过的玩具和其他心爱之物搜集起来,装在一个花篮里,放在那少女的坟墓上。第二年春天,坟上长出了一棵毛茛花,茎叶越长越多,竟把这只小花篮环绕起来,形成一个十分美丽的形态。后来,人们就根据这个奇妙的故事设计了一种柱式,上部是藤蔓似的涡卷,下面便是毛茛花的茎叶图案。

(一)

1840年,鸦片战争爆发,西洋人的殖民事业扩展到了中国,中国传统建筑体系由此开始受到全面冲击,近代化过程也被迫开始,而最早进入中国的洋式建筑便是"殖民地"式建筑。可以说,"殖民地"式建筑进入中国与中国建筑的近代历程是同时开始的。[1]

这种建筑样式起源于英国殖民者对印度地方土著建筑的模仿。17世纪,欧洲各国大举向外扩张之时,"日不落帝国"的殖民者来到了亚洲。为使英国本土的温带建筑样式适应热带气候,殖民者将印度土著带有外廊的建筑形式,与英国本土建筑样式相结合,建成了一种"殖民地"外廊式建筑。这种建筑的最大特点就是外廊成为不可缺少的部分,而且是住宅中最舒适的空间。有的仅在居室前单面设置,有的则四面都有。在这里,殖民者吃便餐、喝茶、吸烟、谈笑、编织、读书、下棋,以至享受午睡之乐。

这种外廊式建筑随着殖民者势力的拓展而得到推广。在中

---

[1] 王珊、杨思声:《近代外廊式建筑在中国的发展线索》,《中外建筑》,2005年第1期。

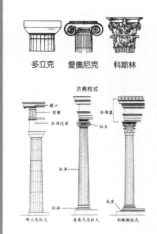

多立克 爱奥尼克 科斯林

古典柱式

闽立克柱式 爱奥尼克柱式 科林斯柱式

多立克柱式：是一种没有柱础的圆柱，直接置于阶座上，由一系列鼓形石料一个挨一个垒起来的，较粗壮宏伟。圆柱身表面从上到下都刻有连续的沟槽，沟槽数目的变化范围在 16 条到 24 条之间。多立克柱又被称为男性柱。著名的雅典卫城的帕提农神庙即采用的是多立克柱式。

爱奥尼克柱式：这种柱式比较纤细轻巧并富有精致的雕刻，柱身较长，上细下粗，但无弧度，柱身的沟槽较深，并且是半圆形的。上面的柱头由装饰带及位于其上的两个相连的大圆形涡卷所组成，涡卷上有顶板直接楣梁。总之，它给人一种轻松活波、自由秀丽的女人气质。爱奥尼克柱又被称为女性柱。爱奥尼柱由于其优雅高贵的气质，广泛出现在古希腊的大量建筑中，如雅典卫城的胜利女神神庙。

国，虽然气候，尤其是光照，与地处热带的印度不同，但作为殖民的象征，这种建筑形式仍经历了从鸦片战争到 20 世纪初长达半个多世纪的发展历史。最初是领事馆等办事机构建筑，随着建筑功能和形制的不断发展和成熟，逐步被广泛用于各种建筑，如商行、会馆、学校、洋行、银行和民宅等，几乎一度成为 19 世纪后半叶一种通用的样式，人们还利用多种设计手段来丰富外廊式建筑的形态，它对促进中国建筑的近代化起了重要作用。

1844 年 1 月 1 日，宁波港正式开埠，英、法、美、德、俄等西方各国纷纷前来贸易。1850 年，英国和其他各国在宁波江北岸一带强行圈划一大片土地，作为"外国人居留地和商埠区"，即今日宁波江北岸外滩，各国先后在这一带设立了领事馆。

宁波的冬天还是比较寒冷的，但这并未妨碍这种外廊式"殖民地"建筑在宁波的扎根和发展。从开埠到 20 世纪初半个多世纪的时间里，宁波建造了一大批外廊式建筑，留存至今的主要类型有：宗教文教建筑，如天主教堂修道院、主教公署外廊式门厅、浙东中学办公楼和槐树路基督教会用房；公共设施和市政建筑，如浙海关旧址、英国领事馆和宁波邮政局旧址；洋行与公司建筑，如太古洋行、英商洋行、和丰纱厂办公楼和原火车站站长室旧址；名人故居，如谢恒昌私宅、傅宅（傅乾月房）、甬商周

晋镰宅和翁文灏故居。

　　考察现存的"殖民地"建筑，宁波的外廊式建筑可分为单面列柱外廊、两面列柱外廊、三面列柱外廊和四面列柱外廊式（回字形平面）等四种。平面形状多为方形、矩形和"L"形（或称"曲尺形"）。平面功能一般都比较简单，房间多采用穿套式，办公与居住功能合一，主要房间内设有壁炉，有较好的采光和通风条件。而外廊又可分为单层外廊和双层外廊。早期建造的一般为单层外廊，大多数为双层外廊，到20世纪初钢骨混凝土技术传入以后，三层和多层外廊式才开始被采用。梁柱式外廊做法又分为单柱式和双柱式。双柱又称"拼柱"，结合起来使立面富有变化，造型生动。柱的做法多为砖砌，其平面形状有矩形、方形和圆形几种，柱子饰面通常采用清水砖砌或混水粉刷。

　　从立面形式看，宁波的外廊式建筑可分为两大类，即"券廊

清水墙：砖墙外墙面砌成后，只需要勾缝，即成为成品，不需要外墙面装饰，砌砖质量要求高，灰浆饱满，砖缝规范美观。相对混水墙而言，其外观质量要高很多，而强度要求则是一样的。

式"和"梁柱式"。券廊式是利用外廊柱形成连续拱券，使外观富有变化而显得华丽。梁柱式则是以外廊的柱式本身作为主要装饰构件，外廊柱与柱之间横梁压顶连接，这种样式看上去比较端庄稳重。

墙体为砖造，用的是比西洋式的红砖要薄得多的中国传统青砖。黏结砖的材料不是砂浆或水泥，而是黏土；砖缝外面用砂浆勾缝，使人看上去像是以砂浆作黏结材料。由于屋檐的檐口出挑，需要黏结材料有一定的强度，在这里砖与砖之间是用砂浆黏结的；出挑檐口的托座用砖砌成，外面用厚厚的砂浆抹出曲线。

需要指出的是，外廊样式用于住宅建筑之后，其功能发生了改变。领事馆一般都是办公与居住合一的，而住宅则只有单一的居住功能了。从翁文灏故居平面可以看出，三面外廊围合着一个居住单元，它具备完善的居住功能。这种外廊式别墅是中国近代别墅建筑主要的形态之一。另外，谢恒昌私宅在装修施工技艺形态上，更多地继承了当地传统做法，形成了具有宁波当地装修风格的近代外廊式"殖民地"式建筑。

混水墙：指砌筑完后要整体抹灰的墙，墙体砌筑没有清水墙严格。混水墙在施工的时候不考虑墙体表面是否美观。

（二）

现存的宁波近代建筑中，最典型的"殖民地"建筑是浙海关旧址和英国领事馆旧址。

1843 年 10 月，英国当局派领事罗伯聃随带翻译一名驻宁波，设立"宁波大英钦命领事署"，俗称"大英公馆"，暂设于今天的江北区槐树路杨家巷 1 号的一所民居里。宁波正式对外开埠后，英国公馆于 1880 年迁至白沙路 56 号，即现在的领事馆旧址。

据说在宁波的这个"大英公馆"里，那个叫罗伯聃的领事署官员曾经做过这样两件事。一是他喜欢搓麻将，中国麻将就是通过他最早从宁波外滩传到了海外。另一件事是在这幢楼里，罗伯聃选译了《红楼梦》第六回的片段，题作《红楼梦》刊登在宁波出版的英文书《官话》（The Chinese Speaker）上，这是《红楼梦》最早的英译本。如果把流传麻将游戏也算作传输中国传统文化，那么加上英译《红楼梦》，罗伯聃可以算作较早在宁波进行文化交流的人。

1934 年 6 月，宁波英国领事馆撤消，英国驻沪领事毕约翰遂将该房屋作价转让给当时的鄞县政府作救济院。新中国成立后，英国领事馆原有的领事官邸和工作人员住房等房屋被

拆除，仅存英国领事馆主楼（办公大楼）一幢。历经多年战火及时代变迁，除英国外的其他外国领事馆建筑未能在宁波保存下来。

英国领事馆建筑大楼坐西朝东，几根粗大的青砖方形柱支撑起上下两层高大的前廊，廊前是瓶式护栏，显得典雅朴实。屋顶是洋瓦四坡顶，上有四支方形壁炉烟囱。

原英国领事馆馆区内的建筑围绕一个庭院布置，院内树木茂盛，显得庭院深深，十分肃静。现存的英国领事馆的办公楼，是一幢两层东西向建筑物，绕东西向轴线中轴对称，四面设有外廊。东南北三面廊较宽，西面廊较窄，并被隔断，作为储物间。主入口设在东面，面向内院。首层的中轴线上布置了主入口、门厅和主楼梯，次楼梯较为隐蔽，设在西北角，水平交通靠短内廊。主要房间均为东西向，卫生间布置在西面。二层布局与首层类同。

英国领事馆的立面造型精彩，采用古典柱廊组合，这是受19世纪西方盛行的折中主义影响的结果，既可挡雨，又能通风，适合此地的湿热气候，可以起到很好的防热作用，而且外观优美，取得了相当出色的艺术效果。

气候特点还决定了开窗大小将直接影响建筑的通风效果。

因此领事馆建筑的窗子面积较大，立面效果表现得比较通透。由两个或三个单窗形成的复合窗或三联复合窗造型复杂，线脚较多，在建筑立面上显得非常突出。

建筑装饰风格受到西方建筑思潮和中国近代传统文化的共同影响，呈现出以西式建筑风格为主，局部具有中国特色的建筑面貌。领事馆作为各个国家的象征，必然各具特色，彼此之间体现出很大的文化差异。因此使馆建筑都是不惜工本，精心设计、施工的作品，造型各异，绝无雷同，充分反映了所属国的特色，具有很高的观赏性和代表性。

浙海关始建于1861年，位于今宁波市江北区中马路198号。旧址东距甬江约20米，南与基督教江北堂相距约4米，再往南约200米现尚存有原浙海关高级帮办的办公和住宅合为一体的楼房，一幢砖砌两层洋房，西临中马路，并与宁波海运大楼（原为浙海关总关办公楼、税务司公馆等旧址，原建筑已毁）相距约6米。

现存的浙海关旧址是原浙海关税务司（又称浙海新关）办公、管理用房之一。建筑朝东偏南，三层加阁楼砖木混合结构，

图（5）
图（4）

浙海关旧址外山墙用青砖为主、红砖装饰，颇具近代特色

浙海关旧址

平面呈长方形，两面外廊布置形式，建筑面积1067.8平方米。通面阔15.10米，通进深18.44米，地面至屋面高16.05米。一层用房平面布置成L形，东面柱廊后设正房三间，曾作为浙海关新关验货员办事处、港务课、检查课办公室；南侧朝东为楼梯间，木盘楼梯，系二层以上的主要出入通道；西南侧一大间为栈房，西北侧为其他管理房。二层、三层曾为浙海关检察长住宅，房间分割与一层基本相同，只是西侧分割成若干小房间。四层为阁楼，设简易房八间。外墙为清水砖墙面，采用一层顺一层丁砌筑法，用水泥嵌缝。坡屋顶硬山式盖方瓦，前坡长后坡短，前坡屋面设天窗二樘，前后屋面各有两个高耸的西式壁炉烟囱。东立面为柱廊，南立面一半为柱廊与东立面角柱相接，一半为墙面设窗。东立面每层设列柱六根，南立面三根，为砖砌方形抹角柱子，柱头为科林斯式，显得简洁刚劲。二、三层的列柱间用栏杆连接成外廊，栏杆宝瓶式木装修，造型轻巧，轻松爽朗，列柱断面从一层至三层逐渐缩小，突出了建筑的虚实对比，使立面看上去具有层次感和节奏感。背立面外设混凝土楼梯，与二、三层后门相接，可作为楼房的应急出入通道，铸铁直棂形栏杆扶手，背立面一楼靠西侧设边门。外墙四周各楼层建腰线砌红砖两层作装饰，门楣、窗楣均用红砖拱券点缀，在柱子三分之二处砌红砖两层，柱头也用红砖装饰，说明该时期建筑已经开始注重色彩与材料的肌理效果，在大面积的青砖墙面上局部用红砖点缀，形成色彩对比，给人以强烈的视觉效果和美感。建筑功能强调实用性，楼内部装饰考究精致，简洁明快。每层搁栅设楼板，木地板均为3厘米厚的洋松，起槽错缝拼接。非承重墙和顶棚用编条夹泥，石膏装饰，基本形式为房间四周顶墙之间镶多层线脚，屋顶正中施几圈圆形纹饰。门、窗有立体门套、窗套，门形为五抹头上下对分十格实木弹子锁门，柱廊内设通排四扇五抹头上下对分十格玻璃门，外设可活动木装修百页门，长方形双扇摇窗内为四格玻璃门，外设百页窗，形成一道既遮阳防风又美观独特的装饰。每间房厅内均设壁炉和壁柜。室内楼梯间设木质盘楼梯，扶手下用圆形宝瓶式栏杆，造型精致灵巧。

【十九】

甬城民俗风情的「活化石」：
宁波近代石库门建筑

（一）

"皇家库门有来头，石头库门百姓楼。苍苍白发老宁波，哪个不曾楼上走。"这是新中国成立前流传于宁波江北岸一带的民谣，这个百姓楼就是石库门建筑，是近代宁波人的主要居住建筑形式之一。

石库门的来历，可以追溯到周代。《考工记》载："古天子五门，皋门最外，二曰库门。"《疏》又说："言鲁之库门，制似天子皋门。"按当时宫室建筑规定，天子共五门，诸侯只有三门，诸侯宫室第一门即为库门，其建造等级只能同天子五门中的第二道门相似。而鲁国虽为诸侯，外门（库门）形制竟然等同于天子的外门皋门，说明了当时鲁国的强盛和周天子的衰弱。

19 世纪中期以后，在宁波外滩一带出现了用中国传统的"穿斗式"木结构加上砖墙承重方式建造起来的早期石库门住宅。这些住宅的主人接触西方建筑文化较早，但根深蒂固的中国传统文化起着主导作用，其建筑主体仍具有浓厚的江南传统民居的空间特征，在布局上参照了西方联排式住宅，因此一开始就带上了中西合璧的色彩。由于这类民居门较多，其外门选用石料作门框，就堂而皇之地称为"石库门"。宁波人一般喜欢用本地产的鄞县梅园红石作门框，加上黑漆厚木的门扇和一副铜环，这便是宁波石库门的典型特征。

太平天国运动期间，太平天国义军与清军在宁波展开了长达半年之久的拉锯战，大量城厢居民为避战乱而移居江北外国人居留地。由于房少人多，房价贵得惊人。许多钱庄和洋行见有暴利可图，纷纷开始涉足房地产经营。19 世纪末，宁波外滩一带建筑了大量石库门式新式住宅。

石库门的出现不完全是历史的偶然，而似乎是一种城市化生活的必然。庭院式的传统住宅建筑一去不复返了，生活空间

被压缩了，但却回报给人们新奇的现代化生活。宽敞的马路，煤气，路灯，自来水，电话以及新的价值观、充满魅力的商业机遇和数不尽的洋场风情，对于这些现代文明成果，当时的宁波人充满了喜悦之情。如对于当时新出现的煤气灯（又称水月灯），1898年12月28日的《德商甬报》报道，"焰火亮如浩月，光耀射目，与市上之灯烛比之，相差天涯也"，充满惊喜之情。

20世纪初是石库门建筑的鼎盛时代。在四通八达的弄堂里，小型的商铺、货栈、酒馆、饭店、钱庄、报社、书场、印刷厂、实业社以石库门为据点，百业俱全，仿佛一个五脏俱全的小社会。

自中华民国成立，大家族分崩离析，伦理繁琐的大家庭不再适合充满竞争与压力的城市生活，适合单身移民和独立家庭的中晚期石库门住宅应运而生了。从三楼三底的宅院变为两楼二底或一楼一底的石库门建筑，总体规模大大扩展，并且使用钢筋混凝土的砖木结构，空间越来越小，形式、花样却越来越多。

20世纪30年代以后，随着世界性的经济萧条的到来，石库

门的全盛时代过去了。为了减轻房租负担或通过房子来赚钱，石库门的居民总是把多余的房间分租出去，自己来当房东。也有一些低级石库门的房东，索性把房子横七竖八地划分成小间，上面还要搭上阁楼。石库门不再是中产阶级的专有乐园，而渐渐成为最大众化的民居，居住者有中西企业的职员和经理、各行业的中小业主和买办及五花八门的手艺人和自由职业者。他们是市民的主流，具有一定的流动性，却又十分稳定。石库门曾经拥有的宽敞、温馨和诗意，这是已荡然无存了。

今天人们说起石库门建筑，第一反应必是上海石库门。但考察石库门建筑的发展历史，比较上海早期石库门住宅和宁波近代建筑在平面布局、门窗装饰、结构方式和建筑材料等方面的异同，我们可以认为宁波近代民居是上海石库门建筑最主要的来源之一，它是跟随移民上海的宁波商人进入上海并成为上海近代早期建筑的主要形式的。

现存的宁波江北岸近代建筑街区的民居中，大量的西方建筑风格元素是宁波近代民居中西合璧的主要特征，这一特征在上海早期石库门建筑的装饰手法中可以看到其影响。从资料看，上海石库门建筑已经大量采用红砖，而宁波江北岸近代建筑主要还是用传统的青砖，说明宁波的近代民居出现得要早一点。

上海开埠后，不少英国人来上海居住，他们带来了英国式的建筑。而地处西欧的英国，气候寒冷多雪，为了避免积雪对建筑物的压力，他们的房屋大多为高坡度、尖顶样式，为了增加采光和通风，又在屋顶上开设了许多屋顶窗。英文中屋顶为"roof"，其音近上海话中的"老虎"，于是，这种开在屋顶的窗就因洋泾浜英语的影响而被称为"老虎窗"。

当然，上海后期的近代建筑更多地来自于帝国主义殖民国家建筑文化的影响。

当我们走进每一幢石库门建筑，就仿佛进入了千姿百态、风格各异的建筑装饰殿堂。

进入大门，正中一间房是客堂间，面对天井一般设有落地长窗，可拆卸。东西两侧有厢房，一般作书房或杂用。二楼正中为客堂间，两边是东西厢房，均作为卧室。正屋后面是附屋，有后天井与正屋分开，一般作厨房或储藏室。后天井设有水井，整幢住宅前后各设一出入口。

大户人家的石库门建筑一般采用木雕、砖雕、石雕等装饰手法，尤其是木雕被认为是江南民居的最大特征，但石库门建筑中的木雕大部分都趋于简化，出现了能工业化大批量生产的带有浅浮雕的木线条和栏杆，是当时最流行的装饰构件。同时红砖也已经出现，并且红砖和青砖在同一建筑的同一墙面中同时使用，形成非常奇特的装饰效果。青红砖的结合使用，是宁波近代建筑的一大特征。同时水泥也已经开始使用，而且用来作为装饰构件的材料，如门头浮雕、栏杆等。

作为大门的石库门由门框、门扇和门楣组成。早期门框多用石头，没有复杂的门楣装饰，后期（1920年以后）门框则石头、

砖、水泥都有,门框和门楣处着重装饰,有的用多重线脚,有的两旁使用仿西方古典式的壁柱。

门楣是石库门最为精彩的部分,也是装饰最为重要的地方。据《资治通鉴·唐纪》载,杨贵妃方有宠,民间歌之曰:"生男勿喜女勿悲,君今看女作门楣。"南宋胡三省(宁海人)注:"凡人作室,自外至者,见其门楣,宏敞则为壮观,言杨家因生女而宗门崇显也。"说明了门楣同门第的关系,可见门楣外装饰之重要。后期石库门受到西方建筑装饰艺术的影响,常用三角形、半圆形、弧形、梯形或长方形等几何图案作门楣的外轮廓线,其内一般有浮雕,有文艺复兴时期巴洛克式的卷草、蛋饰、垂幔和大卷涡,有中国传统的吉祥图案或吉祥文字,还有一些说不清楚的中西合璧的图案。这些石库门建筑的装饰图案可以说体现了近代宁波人善于接受新事物,并能融会贯通的海派心态。

(二)

作为中西建筑文化相互融合的典型产物的宁波石库门建筑,产生于19世纪中期,鼎盛于20世纪20年代,它占据了当时民居建筑的一半以上。直到今日,在宁波江北岸外滩一带,

图③ 新马路一带石库门建筑

车木,指的是用刀去削旋转着的木头,也叫木旋。和金属车床原理类似,加工出来的是圆木件。车木栏杆是区别近代建筑与古代建筑的标志性材料之一。

仍有老宁波人居住在石库门建筑中。石库门建筑作为典型的中西合璧的"宁波近代民居",在宁波近现代建筑史上留下了深深的烙印。

第一幢石库门建筑具体在哪一年哪个位置出现已经无法考证,早期石库门建筑在岁月流失中已消逝得无影无踪。如今保存较好的石库门建筑还有虞宅、徐荣贵宅、金宅、钟宅、刘四海宅、王垂华宅、严宅等。

虞宅位于江北区使君巷 1~2 号,为单体三合院近代石库门建筑,主体建筑坐北朝南,外围墙较高,采用传统的清水砖墙,山墙上开有两扇西式木窗。墙门为中西合璧的近代石库门,门楣为半圆形,内饰规则的几何图案,门框上端的石质雀替内浮雕着梅兰竹菊。正房三开间带两厢二层,有外廊,采用车木栏杆,梁架为穿斗式,均素面无雕刻。使君巷 2 号曾是使君巷 1 号的耳房,耳房大门也采用石库门式样,门楣上饰有"迎春坊"三个大字。

虞宅的主人为宁波近代商人,20 世纪 20 年代左右曾在江北岸中马路开一家前店后坊式南北货店,发迹后,在店铺附近另造了这幢石库门建筑,用于改善居住环境。

徐宅位于新马路 17 号,大门朝新马路,采用石库门楼式,高两层,用水泥磨石子抹面,门洞采用半圆形拱券,立面装饰着一

三角形木屋架:近代建筑中经常采用的一种梁架结构,由木材制成的桁架式屋盖构建,一般分为三角形和梯形两种。

些规则的几何图案。外墙采用清水实叠砖墙，屋面为小青瓦硬山式，梁架为穿斗式，地面铺设青石板。主楼面阔五开间，两层楼，用传统木构架。

徐宅的最早主人是徐荣贵。据《宁波帮大辞典》记载，1890年，水手王宝仓开设德兴铜匠店，修理洋锁、灭火机等。王去世后，由其徒弟徐荣贵继承其业。1900年，徐氏扩大经营范围，改店名为顺记机器厂，开始经营机器修理业务。1924年，顺记机器厂加入"大中华民国机器公会"，为天字号会员。1951年，该厂由国家收购，改为公营顺记机器厂，后成为宁波动力机厂的重要组成部分。

金宅位于生宝路6弄1~3号，为三幢并列式石库门建筑，其建筑结构类同，平面布局均为三合院式。大门为水泥磨石子与砖头制的石库门，石库门上有半圆形、正方形等几何装饰图形，门框为水泥磨石子。主楼面阔五开间，有两厢，前廊有瓶式车木栏杆。廊地板前端还雕有如意纹、卷草纹等图案。屋面采用小青瓦硬山式，山墙顶为水泥造仿观音兜式，其上还有西式近代木窗，梁架为穿斗式。

此宅原主人不详，宁波解放前售于金姓商人，金曾在日本开店，是百货店老板。

235

钟宅的主人是解放前和丰纱厂的高级职员，曾任账房先生。钟宅位于生宝路 10 弄 3 号，为三合院式建筑。主楼面阔三间两弄，屋面采用小青瓦硬山式，梁架为穿斗式，并带前廊。二层为木地板，底层为青石板。二层前廊有铁花栏杆，铁花栏杆制作精美，上有弧形、圆形、回纹、长方形等几何图案。廊木地板前端面有卷草、菱形、回纹等雕刻。廊檐雀替也相当精美，为透雕卷草纹和如意纹，柱下石柱础雕刻着梅花和如意云纹。两厢山墙犀头和围墙上还残留着一些彩绘，在山墙脚上还有一块具有风水意味的"泰山石敢当"青石。

刘四海宅位于戴祠巷 5~7 号，由两进石库门建筑和花园、水池、茶厅组成。两进石库门建筑之间有一甬道，甬道进口也为石库门，石库门采用砖拱，其上有水泥雕塑，顶为尖券状。两进石库门建筑的平面布局、结构类同，均为三合院式。主楼梁架采用穿斗式并带前廊，高两层，廊前有长方形几何图案装饰的木栏杆，屋面采用小青瓦硬山式。山墙为水泥造仿观音兜式，其墀头及围墙上还残留部分彩绘。水池平面略呈正方形，四周有铁栏杆。茶厅高两层，临水池而建，面阔四开间，屋面采用西式木屋架，并用洋瓦盖顶。二层前部为木栏杆，上置通长木格玻璃窗。下层有廊，廊有水泥栏杆，栏杆采用圆形、长方形等几何图案。

图⑨ 江北岸钟宅石库门建筑群小巷内有月洞门

图⑩ 钟宅石库门建筑内精美的彩色玻璃门

图⑪ 海曙区冷静街72号夏宅石库门

图⑫ 海曙区三支街朱宅邬宅内饰卷草的砖质石库门

图⑬ 三角形门楣砖质石库门

图⑭ 江北岸戴祠巷5号刘宅石库门

图⑮ 江北岸恒裕坊

　　此建筑主人为刘四海，是甬上近代商人，经营业务较广，主要有船运、码头、煤场等，并数次前去日本进行贸易。

　　王垂华宅的主人曾是宁波正大火柴厂的高级职员，其宅位于新马路 36 弄 13 号，是一座精致的小洋房。主楼面阔三开间，共两层，其正立面外形较特殊，明间为平面，次间为外凸六边形的一半。明间二层有外廊，廊用水泥栏杆围护。屋面采用近代西式木构架，由水泥洋瓦覆盖，地面为水泥磨石子。外墙上有长方形图案装饰。

　　严宅位于江北区德记巷 3~14 号,由主楼和左花园右偏房数
间组成。主楼建筑坐北朝南,平面布局为三合院式。大门朝德
记巷,为砖雕门楼,门楼门匾上书"长安永康",梅园石雀替上分
别雕有梅兰竹菊,双扇实踏大门上钉有铁皮,内有图案"四蝠捧
寿"。主楼高两层,面阔五间,进深五间,采用穿斗式梁架。外廊
顶为卷棚波浪轩,三级状,轩梁上还留有挂灯笼的灯钩。廊月梁
上还雕刻有牡丹纹、卷草纹及动植物、人物图案。外檐柱石采用
如意瓜棱状。明间、次间内均铺地砖。窗下板为水泥磨石子,表
面十分光滑。室内顶装饰为石膏顶,中间为梅花图案。两厢也
为两层,进深一间,梁架也为穿斗式,屋面采用小青瓦硬山式,山
墙为水泥造仿观音兜式。后楼为平屋顶,屋顶是可以上人的晒

台,晒台四间设有维护栏杆。

严宅的主人是近代"宁波帮"代表人物严信厚的儿子严子均。严子均,名义彬,慈溪人。1906年,严信厚去世后,严子均继承父业,除主持源丰润票号外,因与上海道台蔡乃煌关系密切而承办源通海关官银号,1908年参与创办四明银行、宁绍轮船公司等,其企业活动遍及上海、北京、天津等地,曾任多届上海总商会会董。

图⑲　石库门与清水外墙

图⑱　砖石水泥磨石子石库门

图⑰　严宅内精美的楼梯

图⑯　江北岸德记巷严宅精美的厢房立面

【二十】

承上启下的宁波近现代桥梁

18世纪中叶工业革命后，铁的生产和铸造，为桥梁提供了新的建造材料。但铸铁抗冲击性能差，抗拉性能也弱，易断裂，并非良好的造桥材料。19世纪中期，随着酸性转炉炼钢和平炉炼钢技术的发展，钢材成为重要的造桥材料。钢的抗拉强度大，抗冲击性能好，尤其是19世纪70年代出现了钢板和矩形轧制断面钢材，为在厂内组装桥梁的部件创造了条件，使钢材应用日益广泛，开始了土木工程的第一次飞跃。随后又发明了高强钢材，于是钢结构得到蓬勃发展，结构跨度从砖石木结构的几米、几十米跃到百米、几百米乃至千米以上，开创了在大江、海峡上修建桥梁的奇迹。

18世纪初，发明了用石灰、黏土、赤铁矿混合煅烧而成的水泥。19世纪50年代，开始采用在混凝土中放置钢筋以弥补水泥抗拉性能差的缺点。1867年，钢筋混凝土诞生，实现了土木工程的第二次飞跃。有了钢筋混凝土才有可能建造跨越能力很大的钢筋混凝土桥梁，并使形式多样化。钢、水泥混凝土和预应力钢筋混凝土等人工材料的发展和应用，推动了近代桥梁科学技术的革命，是近代桥梁的标志。

清光绪三十三年（1907年）至宣统元年（1909年），中国利用从德国进口的钢材，在甘肃省兰州市的黄河上建造了一座钢铁大桥——兰州黄河大桥。这座桥梁的出现，标志着中国以木料和石料为主要建筑材料的古代建桥历史的基本结束。从此，中国桥梁建设进入了一个崭新的历史时期。[1]

宁波境内河流众多，水网密布，是著名的江南水乡，也是"桥的王国"，创造了丰富多彩的古桥文化。鸦片战争以后，随着外来文化的进入，宁波的桥梁也发生了质的变化，除了建造传统的石桥外，许多桥梁采用了近代西式材料和建造技术。

---

[1] 彭军编：《中国桥》，中国建筑工业出版社，2013年版。

中国近代的桥梁按建桥材料划分，除木浮桥、石桥外，还有铁桥、钢桥、钢筋混凝土桥等基本类型。现存的宁波近代桥梁以钢桥与钢筋混凝土桥为主，木浮桥只见于历史记载，现已不存，石桥基本延续传统建筑式样为主，铁桥则既不见于史籍，至今亦未发现实例。

（一）灵桥

宁波灵桥，几乎与宁波这座城市同时诞生。灵桥的历史可追溯至唐代。长庆三年（公元823年），明州刺史应彪鉴于商旅渡江之苦，于奉化江近三江口处，建造宁波历史上第一条跨江木浮桥。连舟16艘，用篾索连结成排，上铺木板，长55丈，宽1丈4尺。后因东渡门外江阔水急，两年后移至今址。桥名的来由，据史料记载，说是建桥时，天空云表上映现彩虹，即给桥起名为"灵现桥"，又叫"灵建桥"，后称"灵桥"，至宋代更名为"东津浮桥"，民间也称之为"老江桥"，这是因为清晚期在姚江末端濒三江口处又建浮桥，称为"新江桥"，以示新老之别。

唐乾宁五年（公元898年），明州刺史黄晟筑罗城后，东首"灵桥门"便是以桥名门。清初诗文家李邺嗣在《鄮东竹枝词》

中写道:"东津桥板跨江浮,一字平盛十六舟。千载人驱车马过,可知遗泽是应彪。"

　　灵桥门当时作为一个风景点,也颇受文人墨客称道。宋代舒亶《题灵桥门》曰:"危楼清迥立江风,紫逻江旗落日中。暑雨涧溪来浩荡,暮烟洲渚隔朦胧。欢声不厌重城近,霁色遥知秀野丰。沧海一时传丽句,天才真是杜陵翁。"宋代王亘《登灵桥门晚望》曰:"恩波和气雨溶溶,万户楼台紫翠中。渡水虹霓轻缥缈,隔河牛女淡朦胧。真仙路楮三山近,粒食人歌四釜丰。旌斾欲归归未得,满船风月载渔翁。"

　　浮桥存在的一千多年中,历经舟毁桥断,饱受天灾人祸。浮桥遭受的次次灾难,给甬上百姓的心灵留下了重重的创伤。人们是多么渴望有座坚固耐久、不怕雨打风吹的固定桥!

　　改建浮桥为固定桥之议起于清末,至1922年,邑人陈树棠曾将改建老江桥事拟订计划书,分致宁波各当道。这份详尽的改建计划,《鄞县通志》称之为"改建江桥之嚆矢"。同年,商民应鸣和也分别致函乡老耆绅,建议改建。宁波旅沪同乡会集议后转函宁波总商会和鄞县县议会,9月间,邀德国工程师海尔门等来甬测量,拟订建筑方案,计工程费银元三十万元。11月上旬,鄞县县议会议决设立工程局。自此,改桥之议开始具体化,

图②
灵桥改建之前的浮桥

图③
1936年6月27日举行灵桥通车典礼时搭建的庆贺牌楼

宁波旅沪同乡会于 12 月中旬开会讨论, 成立了"改建宁波老江桥筹备处"。终因经费无措而无果。

1926 年 8 月下旬, 发生了浮桥特大灾情。连续两天暴雨后, 奉化江上游山洪暴发, 又值东海大潮汛从三江口滚滚而来, 终于导致浮桥链条断裂, 桥身散开。当时在桥上的行人慌忙逃生, 仍有 30 余人不幸落水, 除 3 人侥幸获救, 其余都惨遭厄运。这一惨剧又引起沪甬各界热议老江桥改建事项。9 月中旬, 旅沪甬人乐振葆、严康懋偕西人罗德来甬测量。10 月中旬举行第一次筹备会议, 推定张申之、严康懋、郁桂芳等 6 人为筹备会干事。11 月 5 日在宁波总商会召开筹备会议, 推出筹备员 60 人, 发起人当场认捐。后因北伐战争, 改建之议又告中止。

此后, 北伐成功, 局势平稳, 经济回苏, 浮桥更不适应工商业发展的需要, 社会各界要求改建的呼声越来越高。1931 年, 旅沪邑人乐振葆、张继光、张申之、竺泉通、金廷荪等重新发起, 在各方面的支持下, 于当年 8 月 1 日成立"改建宁波老江桥筹备委员会"。

"改建宁波老江桥筹备委员会"成立后, 沪甬两地设筹备处, 沪上有委员 20 人, 筹备处主任为乐振葆, 副主任陈蓉馆; 甬上委员 16 人, 筹备处主任王文翰, 副主任严康懋、徐镛笙。时任"改建宁波老江桥筹备委员会"建筑工程的技正（工程师）施求臧在其所作《宁波灵桥兴建和抢救回忆志述》一文中说："由于旧政府没有公帑，就靠募捐捐款。为便于募捐，在旧社会非用洋人出面承包不可，用外国材料，挂着洋行牌子。因此，经上海筹备会讨论，邀请上海公共租界工部局英国人詹姆生为建桥的顾问工程师，向德国西门子洋行买材料，由丹麦康益洋行承包打桩（承包人是考力铁，俄国工程师师克为施工员）。实际上詹姆生、师克和考力铁是挂名的，很少来甬，实际设计、施工和工人都是中国人。我受陈宝麟县长委托，作为筹备委员负责施工、督察、稽核。当洋人来宁波视察，宴会时由我当翻译，寄人篱下，仰仗洋人鼻息，引为耻辱。"1933年10月，建桥工程在沪招标，德国西门子洋行以486774元得标承包，钢梁由德孟阿恩公司提供，打桩和混凝土工程分包给丹麦康益洋行，油漆工程归信昌洋行承包。这些对于确保灵桥的优质工程无疑起到了重要作用。而实际操作的都是沪甬两地的宁波人。

关于桥型问题，筹备会否定了原来主张的钢筋混凝土桥（中间有两个桥墩，做成三孔，与现在的解放桥相仿），而采纳了英籍顾问工程师詹姆生提出的"三联钢骨独孔下承式公路桥"设计方案。按该方案，桥面三轴钢板环桥，桥座两边有二铰，拱顶上一铰，全部吃力在两面桥脚。钢骨分13联，全长97.6米，桥面宽19.8米，人行道每边4.6米，中行车道11米，桥面最高潮位4.6米，桥面坡度5%，两端桥脚为马蹄式。钢架由弧形工字钢和钢板铆接而成，桥脚基础打入5丈8尺木桩，计102根，钢梁固定其上。钢梁重455吨，桥面钢筋水泥重697吨，共重1152吨。打桩方式成斜形三角式，斜度分别为75度、50度、17度三种。桥设计承载能力为20吨。在当时，这是我国最大、样式最新颖的独孔大环桥。1934年5月1日，改建老江桥工程正式开工。

图④ 今日灵桥

　　宁波老江桥筹备委员会对建桥工作抓得很紧，工程进展迅速，全部建筑于 1936 年 5 月 25 日完工。自此，一座银灰色配以朱栏的长虹般钢结构桥梁矗立在奉化江上，宁波人多年以来的夙愿终于实现了。国民党元老谭延闿所书的"灵桥"二字悬挂在桥东西两面的额顶上。钢梁近桥面处，各筑有水泥塔式结构物，其外壁嵌有钢质铭记，其中有《重修灵桥碑记》（陈宝麟撰文，赵时篆额，沙文若书）。

　　新中国成立后，尤其是改革开放以来，在三江六岸先后已建起了近 10 座跨江大桥，但桥造得再多、再长、再高大，在宁波人心目中，灵桥永远是座排位在首的了不起的老桥，是座"忍辱负重"、"刚强不屈"的英雄桥，是最令宁波人感到骄傲和自豪的桥！

　　灵桥作为我国第一座钢梁单孔环行桥，凝聚了"宁波帮"人士热爱家乡的拳拳之情，更是作为标志性建筑成为近代宁波城市的象征。

（二）方桥

　　方桥位于奉化市江口街道方桥村东北角。县江、剡江、东

江之水于此汇集，地理位置相当显要。历史上的方桥，水陆交通，得天独厚，其南接台温，北通宁绍，自古就是浙东的驿道所经之地。

相传明代前，这里有一小碶，俗称"常浦碶"，因年久失修，受河水长期冲击而塌，始建桥梁，当时名为"大仿桥"，是一座简易的木构平桥。乾隆三十五年（1770年），卸木质平桥，改建石结构五洞环桥，起名"太平新桥"，誉称"浙东第一桥"。光绪二十七年（1901年）五洞环桥崩塌。至光绪三十三年（1907年）才建成现在的钢质梁架平桥，定桥名为"方桥"。

方桥，系下承式弓挂钢桁梁架结构，南北走向。全长85.5米，宽6.02米，钢架总重量87.5吨。桥面铺以木板（1964年以后改为混凝土浇注的空心板），也是德国人设计制造，与同为钢架结构的宁波灵桥比，还早了近30年。因此，当地百姓就有宁波老江桥模仿"方桥"的说法。可惜在2007年，这座有着悠久历史的四明第一桥因运货船碰撞毁坏。后经多方努力，在离原方桥不远的地方，按照原方桥的建筑样式，用保护下来的原方桥建筑构件，新建了一座比原方桥小一些的方桥，上面不通车子，以示纪念。原方桥位置没有另建新桥。

图⑤ 迁建后的方桥

（三）黄昏晨桥和鄞镇江桥

黄昏晨桥位于鄞州区云龙镇任新村下庵东，民国二十年（1931年）建造。该桥为二墩三孔拱形水泥桥，南北走向。全桥长22.24米，宽2.50米，高4.80米。桥口成簸箕状，外口宽5.24米。桥孔中孔大，两边孔略小，其中中孔跨水7米，两边孔跨水4.50米。桥之东西两面为水泥栏板，高1米，栏板外侧题有"能孝父母天佑得福，能孝父母天佑长寿，能孝父母……"等劝善类词语，券面板上题有"黄昏晨桥"四个正楷大字。以上文字均用水泥浇制而成。

桥北建有水泥浇制的四角攒尖亭一座，为桥梁的配套工程。桥、亭均采用钢筋混凝土浇制，坚实牢固，迄今保存完好。

据传，鄞州姜山陈德裁先生在上海以建筑业致富后，不忘家

图⑦ 黄昏晨桥旁四角水泥亭

图⑥ 黄昏晨桥

乡培育之恩，在全市范围内共建了十座彼此类似的大桥，黄昏晨桥即其一。

　　鄞镇江桥位于宁波市北仑区小港街道江桥头村，始建年代不详。原是一座五孔石板桥，单侧设木栏杆，东南岸建有木质大门，桥下水流湍急。如今还保存着的一张珍贵的鄞镇江桥历史照片，桥栏上坐着一位穿着时髦的年轻女子，推测是当年在沪经商的江桥头人的家属或子女。石板桥因年代已久，加上长期受小浃江潮水侵蚀，桥墩条石零乱，桥板倾斜，桥西低落，已经变成一座危桥，这些情况与石碑记录的修桥缘由完全吻合。

　　现桥重建于民国二十二年（1933 年），为五孔钢筋混凝土结构仿欧式拱桥。全长 48.7 米，宽 2.68 米。鄞镇江桥呈西北一

图
⑩
鄞
镇
江
桥
额
匾

图
⑨
鄞
镇
江
桥
上
的
水
泥
立
柱
原
用
于
设
栅
门

图
⑧
鄞
镇
江
桥
全
景

图⑪ 摄于1933年的鄞镇江桥老照片，桥栏上坐着一位穿着时髦的年轻女子

东南走向横跨小淡江。桥身呈弧形，略有些坡度。桥东南端置有两根高高的水泥柱，原为设栅门所用。桥两侧围以水泥浇注的透空栏杆，高0.69米，栏面做成几何形状，式样时尚。桥面用水泥铺就，做成网格状，既简洁美观，又可防止打滑。桥西北堍原建有后江凉亭三间，2000年改建成两间。凉亭旁有"宝大祥"经理丁方源撰写的《重修鄞镇江桥缘起》碑一通。从西北桥头远望东南桥头，左前方是广济庵，始建于清康熙四年（1665年），是典型的江南庵堂建筑，庵内保存的"广济庵田碑"有较高的文物研究价值。旁有"重修鄞镇江桥征信碑"等。征信碑，有将信息公示于众，请求验证的含义。公示的内容除了收支款项外，还将工程建设方（参与者）、施工方（营造厂）、监理方（监工）的名字刻于其上。80年前的农村，不但改石桥为先进的水泥桥（欧式），而且采用了先进的建设管理形式（有第三方监理），理念的确够先进的了。桥中间栏板外侧均阴刻楷书"鄞镇江桥"，旁镌"癸酉夏月王禹襄"等字样（王禹襄为当时宁波有名的书画家）。鄞镇江桥的桥墩为薄壁形轻型桥墩，上窄下宽，呈八字形，实心薄腹，迎水面加厚。桥中孔北侧桥栏上立有一根水泥杆，原为设灯所置。遥想当年摸黑匆匆赶路的人们，当看到桥上的明灯时，心里该有多么温暖呀！鄞镇江桥旧为鄞县与镇海两地的界桥，

此地江宽浪急,原桥多有毁建。民国二十二年,旅居上海的鄞县、镇海两地商人筹集善款,仿欧式桥形建造了现桥,由上海沈生记营造厂建造,耗资 7000 多元。历经 80 多年,此桥稳固如初,品相完好。

奇构巧筑——宁波建筑文化

【二十一】

上帝与龙的对话：宁波近代中西融合的教堂建筑

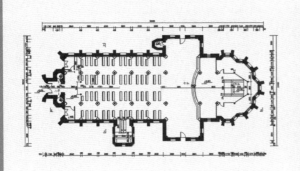

这种形式的教堂平面,东西向的本堂和南北向的轴廊垂直相交,状如十字架,故得名拉丁十字式。拉丁十字由于象征耶稣基督的受难,并且很适合于仪式的需要,所以天主教会一直把它当成正统的教堂形制。

宁波是天主教、基督教(此处专指16世纪欧洲宗教改革运动中脱离天主教而形成的各个新宗派,以及从这些宗教中不断分化出来的众多宗派的统称)在中国传播较早的地区之一。天主教传入时间较早,早在1628年也即明崇祯元年,就有葡萄牙天主教传教士费乐德来到宁波,发展了80名教徒;随之,意大利传教士李类思、孟士表也在明末到来,并在宁波建立教区,孟士表还成为首任天主教神父。据《鄞县通志》记载,初期天主教传教士专注于信仰的传播,并没有对宁波城市的文化和生活产生有深度的影响。

1701年,法国的耶稣会士利圣学来到宁波,在药行街建立了第一座教堂。这座从老城中心矗立起来的哥特式建筑,成为西方宗教的一道特殊广告,也在建筑形态上改变了宁波老城千年不变的格局。

1844年《中法黄埔条约》签订,允许外国人在五个通商口岸(广州,厦门,福州,宁波,上海)议定界址内兴建房屋、学校、医院、教堂。1845年,中国正式弛禁天主教(经交涉,基督教亦被包括在内),此后天主教在不平等条约的保护之下,得以快速发展,大大小小的天主教堂散布于各城镇与乡村之中。

1846年,浙江代牧区成立,由法国遣使会管理。主教常驻

束柱往往没有柱头,许多细柱从地面直达拱顶,成为肋拱。拱顶上出现了装饰肋,肋架变成星形或其他复杂形式。

定海(今舟山)。1850年以后搬进宁波府城药行街宁波圣母升天堂,传教士顾芳济成为浙江省代牧主教,这座教堂也成为浙江的主教堂。1852年,法国仁爱会派出第一批修女来到宁波,在南门办仁慈堂。1872年江北建圣母七苦堂(即今江北岸天主教堂),后成为主教常驻堂。1879年,法国传教士赵保禄到宁波,出任浙江代牧主教,形成天主教在宁波的最显赫时期,民谚有"道台一颗印,不如赵主教一封信"。

1843年,美国浸礼会医生玛高温来到宁波。他在北门找到了一座古老的道观佑圣观,在道观的厢房里开设了他的西医院,开始施医传教,标志着基督教正式传入宁波。基督教传入中国虽比天主教晚,但采取了更为中国人所喜欢和接受的措施,比如在中国以极大的热情从事各种社会活动,这一点尤其体现在开办西式医院方面。先后来宁波的有伦敦会、美国浸礼会、美国圣公会、美国长老会等不同基督教派别。

天主教、基督教在宁波的传播,除带来新的宗教信仰,也对宁波城市的文化和生活产生深刻的影响。近代宁波新式医疗、新式教育和文化等的发展,从一定程度上讲,其中都有西方传教士的推动作用。而遍布城乡各处的大大小小的教堂建筑,则演绎着一段中西文化互相排斥而又相互交融的历史。

　　宁波境内现存最有名的教堂建筑，自然非江北岸天主教堂莫属。该教堂始建于清同治十一年（1872年），光绪二十五年（1899年）增建钟楼。自1876年起为主教常驻堂，除教堂外还有主教公署、修道院等，是浙江境内等级最高、留存最完整的教堂建筑。

　　天主教堂建筑群以教堂为轴心，沿甬江岸线，西南为本堂区、主教公署、修道院等，至新江桥堍；东北有修女楼、神父楼等，教堂平面呈"拉丁十字"形布局，坐东朝西，分别有钟楼、前厅、中厅、后厅（弥撒间）。

　　教堂主体建筑由五层钟楼和一层教堂及赵主教墓室构成。高、直、尖的砖砌外墙扶壁立柱匀称地环绕整个教堂，扶壁立柱上方收攒成尖塔状，教堂钟楼侧墙外还设有尖券形壁龛，似通气窗户，檐墙间有牛腿状尖齿形装饰，墙体用青红两色磨砖拼花砌筑。正立面横向分三段式，每段正面各设尖券透视门，正中拱门

扶壁也称扶拱垛,是一种用来分担主墙压力的辅助设施,在罗曼式建筑中即已得到大量运用。但哥特式建筑把原本实心的、被屋顶遮盖起来的扶壁,都露在外面,称为飞扶壁。有的在飞扶壁上又加装了尖塔以改善平衡。飞扶壁上往往有繁复的装饰雕刻,轻盈美观,高耸峭拔。

稍大,左右门对称,门上装饰的八根石柱分别护砌墙体,并逐级收拢至尖顶。彩色玻璃制成的玫瑰窗,精雕细刻,奇巧华丽。

钟楼高耸挺拔,自下而上的垂直面用不同的质材与收分,清晰地分为五段,其中第三层墙面采用突角隅合的方法进行结构的有机处理,形成中间由立柱为轮廓的两扇尖券木质百叶窗,整柱雕刻成科林斯式。第四层的束柱与三角拱组合,内置罗马瓷面大钟,其两侧再设尖塔衬托。顶层的石质锥形塔尖处竖一金属大十字架,直插云霄,俯瞰大地。

大堂正门中间走道用花岗石铺砌;通路两侧16根巨柱,四根细柱附在一根柱头上,形成束柱,细柱与上边的四分之一券肋拱气势相连,增强室内向上的动势。弥撒间,正中设祭坛供主教像,台前围以短栅栏,是教堂的最庄严之地。栏外设讲座,大堂四周悬挂耶稣受难始末像十四幅。入门有唱经楼,设置管风琴("文化大革命"时被毁)。赵主教墓室中间摆放一只刻有十字架图案的石质遗柩,墓前一级踏跺上筑有祭台,祭台石制立柱尖拱式。

因为教堂坐东朝西,每到夕阳西下,哥特式的教堂建筑便显得特别精致。

教堂西立面的五层钟塔,突出山墙立面,高达32米左右。

中段的假券廊，让人联想到哥特式建筑中的国王廊。教堂东、南、北三边的假扶壁和棘矛状的小尖塔，已经起不到任何结构作用，在这里，它们只不过作为哥特式教堂的一种建筑符号出现。

教堂雕刻丰富，细高尖耸，向上形体动势强烈，垂直轻灵的线条贯穿全身。十字交叉屋顶有一座很高的尖塔，扶壁和墙垛也有精美的尖顶。不论是墙体还是塔身，都是越往上，收分越细，装饰越多，越加玲珑，建筑顶面形成锋利的、直刺苍穹的小尖顶，整个建筑处处充满着向上的冲力，富有极具感染力的艺术效果。

走入教堂室内空间，置身其中，你能感受到它那向上飞升的空间效果，仿佛要把人带到天堂。哥特式教堂内部空间的形式是由其结构体系所决定的。哥特式教堂内部空间由尖券、扶壁和束柱直接围合而成，结构既是承重构件又是围合空间的构件。江北教堂的内部空间原本应该是一个锥形空间，为了达到哥特式教堂的空间效果，建造者运用了很多哥特式教堂的建筑符号，用木材把原来的承重柱子包裹成束柱的样子，并且用木板做了肋拱状天花。

哥特式建筑 11 世纪下半叶起源于法国，是 13~15 世纪流行于整个欧洲的一种建筑风格，多见于天主教堂，也影响着世俗建筑。哥特式建筑的多层线脚、尖券门洞和窗洞以及层层上收带有小尖塔的砖柱等高超的技术和艺术成就，在建筑史上有着重要地位。

如果不仔细看教堂，哥特式的建筑外形是具有欺骗性的，其实教堂里子梁架结构还是中国传统式样。

从建筑结构上来看，江北教堂的做法是采用中国传统的抬梁式做法。这种做法自然形成了坡屋顶式的外形，这样刚好契合了哥特式教堂的坡屋顶外形特点。但是一般来说，哥特式教堂坡屋顶比较陡，而江北教堂的屋顶坡度较小。

再仔细看看建筑外观，"拉丁十字"形平面尽端的圣室覆盖的不是哥特式穹隆顶，而是中国传统的攒尖顶，教堂的屋顶采用的是宁波传统建筑常用的小青瓦和中国传统殿堂建筑用的筒瓦坡屋顶样式。

江北天主教堂的建筑风格在江南同类建筑中独具特色，是江南现存最早的单钟塔式教堂，现存早期中西建筑融合的重要实例，被誉为"浙江之魁"。

与江北岸天主教堂同时代的建筑还有位于奉化市锦屏街道东门路小路街弄 31 号的奉化天主教堂。该建筑始建于清同治十一年（1872 年），民国二十五年曾作修缮。

奉化天主教堂建筑面积 548.66 平方米，用地面积 896.77 平方米，包括教堂及其附属建筑崇正小学和厨房。教堂由法国人设计建造，人字形屋坡，小青瓦顶，墙面清水做法，由青砖和黄砖混合砌筑，构成几何图形。面阔 9.7 米，进深 16.75 米，东西向，西面四柱立墩，开设三个同样大小的券顶门，造型相当别致。正门额上书"天主是爱"四字，额上堆塑一溜月洞门图案，再上原为钟楼，抗战前被毁，现用水泥砌筑墙面，并竖十字架。教堂南北墙面上的窗框设计甚为独特，一看就知是西式做法，其用黄砖堆塑出凹凸形图案，门窗用花格玻璃，下方上圆细长形，共 10

扇。教堂的布局如瓶颈形,西边大,至东边逐步收口,形成一间面阔 3.2 米、进深 4.75 米的平房,作为神父的更衣室,并有内门通礼堂讲台。教堂内部为一宽敞的礼堂,南北两侧各立四根砼柱,柱头饰有花草,泥墁屋顶呈圆弧形,并有装饰带交叉成灯节,显得空旷、肃穆。

基督教堂在宁波留存得并不多,其中江北堂、槐树路基督教会用房和小鱼山教堂较为完整。

1898 年,英国循道公会在江北区中马路(今中马路 196 号)建造了江北堂。该堂坐北朝南,南立面临甬江,上有一砖质匾,名为"耶稣圣教堂",墙体用青砖,屋檐为砖叠涩出檐,每隔一窗用砖质抗风柱,门窗用砖砌尖券,屋内梁柱采用木桁架,设有天窗。

槐树路基督教会用房坐西朝东,占地面积约 400 平方米。平面呈长方形,两层楼建筑。屋面采用小青瓦,并有两个人字坡

天窗。正立面上下两层均为券柱式外廊，四周开有多个西式木窗，外墙为清水砖墙。是一幢典型的西式建筑。

小鱼山教堂位于象山县鹤浦镇小百丈村小鱼山自然村，始建于清宣统元年（1909年），是一座典型的晚清建筑。

教堂坐北朝南，平面呈长方形布局，融入东西方建筑元素。屋顶构造采取中国传统民居做法，硬山式，进深五间，七架梁，共用八柱，抬梁式结构，高大宽敞，坡面陡峭。教堂门厅和窗户具有明显的西方建筑元素。教堂门厅设于南山墙，有中大旁小三门，方形穹顶。门厅上部立有四根方柱，柱顶饰有十字架；顶部

261

为尖顶方座式钟楼。窗户均为方形三角形顶式样。

在鹤浦镇，有多处与小鱼山教堂相类似的清晚期教堂建筑，让人不禁想象一百余年前，在这座海边古镇，东西方文明曾经有过怎样频繁而丰富的交流。

【二十二】

中西合璧的成功范例：近代名人故居

卷棚天花又称"轩",是中国古建筑室内天花的一种。使用位置常在檐柱和前、后金柱间。此类天花大约在明代以后被广泛使用,特别是我国南方的江浙一带,官署、祠庙、住宅、园林中比比皆是。

奇构巧筑——宁波建筑文化

当我们打开《唐诗鉴赏辞典》,开卷诗是宁波慈溪人虞世南的《蝉》。虞世南(558~638年),唐代诗人,凌烟阁二十四功臣之一,官至秘书监,享年81岁。其书法刚柔并重,骨力遒劲,与欧阳询、褚遂良、薛稷并称"唐初四大家"。其诗风与书风相似,清丽中透着刚健。

可以说虞世南是宁波地区早期的名人之一,他的故居早已荡然无存。据考证,现在的慈溪市鸣鹤镇定水寺遗址上,早先就有虞世南的故居。1998年,有关部门在其遗址上立起了一块"唐虞秘监故里"石碑以纪念先贤,昭示后人。

有名人,方有名城,作为历史文化名城,名人故居是宁波城市的宝贵财富之一。无论我们的城市变得多么现代,一旦缺乏历史文化遗存打底,就会变得肤浅。

宁波人文荟萃,群星璀璨。据统计,北宋时宁波人中进士161名,南宋上升至983名,其中鄞县还出了4个状元,居全国之冠。到明朝,宁波中进士者的数量仍居全国第一。

近代,宁波各路英才更是喷涌而出,最著名的便是名震海内外的"宁波帮"人士。如创办中国通商银行的叶澄衷、严信厚、朱葆三,先后创办了信平、大华、宁绍、四明、天一等保险公司的黄延芳、刘鸿生、胡泳骐、孙衡甫等,创办了第一家由华人开设的

牛腿，是明清古建筑中的檐柱与横梁之间的撑木。主要起支撑建筑外挑木的作用，使外挑的屋檐在达到遮风避雨的效果的同时，能将其重力传到檐柱，使其更加稳固，在江南古民居中较为常见。

证交所"上海证券物品交易所"的虞洽卿、盛丕华。中国近代金融业的主要奠基人之一宋汉章先生也是甬人，受聘任大清银行上海分行经理，1912年大清银行改组为中国银行，奠定了中国银行直至今日的国际地位。

除金融业外，宁波人在航运、五金、新药、颜料等行业也叱咤风云，如"宁波帮"的代表人物虞洽卿，先后创办了三北轮埠公司、宁绍轮船公司等。再如叶澄衷、朱葆三在五金业，秦君安、周宗良在颜料业，黄楚九、项松茂在新药业，皆为业内翘楚。还有吴锦堂、王宽诚、包玉刚、邵逸夫、应昌期等，一个个都是业绩辉煌，赫赫有名。

作为土生土长的宁波人，他们在故乡宁波留下了一座座精美的故居，成为人们了解宁波商帮儒商文化的一张张历史名片。

在漫长的岁月中，近代名人故居历经风吹雨打、人为破坏等，许多已经不存，能保存下来极其不易。随着城市化进程继续加快，城市和农村中的近代建筑正在逐渐消失，其中包括一些重要的近代名人故居。

青砖粉墙，一桌一椅，名人的踪迹已深深嵌进历史的画面；透过历史的重重迷雾，名人志士在讲述着逝去的沧桑岁月，让我

泥鳅脊：屋面两坡筒瓦瓦垄过脊时呈卷棚式，状如泥鳅，故称。多见于皇家苑囿建筑中。

们踏进这些故居，聆听当年的往事。

（一）虞洽卿故居

在宁波的近代名人故居中，建筑最精美的当数中西合璧的成功范例 —— 虞氏旧宅天叙堂。

虞洽卿是中国近代历史上一位很有影响的人物，对于近代上海的发展，乃至于整个中国的政治、经济都曾有过一定的影响。

虞洽卿广泛涉足于近代国内政治活动，从清末到民国的60年时间里，他与中央、地方政府的要人都有过密切的联系，其政治影响引起万众之瞩目。但他并没有认认真真去做官，一直以商人自居。

虞洽卿做过买办，创办过许多实业，参加了许多有影响的实业活动，如四明银行、宁绍商轮公司、三北轮埠公司、三北航业集团等。虞洽卿的社会活动也非常广泛，曾担任全国工商会会长、上海总商会会长，他热心社会公益事业，注重乡谊，是近代"宁波帮"的典型代表和领袖人物。

虞洽卿事母极为孝顺，凡是他母亲所命无不尽力办到。他

在上海发迹后，一心想接母亲去上海享福，无奈老人乡情难舍，遂出巨资在家乡为她盖了这座豪宅。"天叙"二字的含义十分明了，是让母亲"叙天伦之乐"。

天叙堂位于慈溪龙山镇，距慈溪市城区和宁波市各30公里，北距伏龙山1.5公里，西南1.5公里为宁波至杭州的329国道，东2公里外为东海。宅前有长长的河道，略呈弓形，与南首祠堂河相通，往东直通大海，以前经常船来船往，很是兴旺。水源于达蓬山风浦湖。从堪舆学的角度来看，天叙堂东（大海）、南、西三面环水的形势可称为"金城环抱"，"金"指水，在弓形河流之内侧，被称为"眠弓水"，是水形中的"大吉"。北面的伏龙山山势如一巨龙横卧于东海之滨，"指山为龙兮，象形势之腾状"，无疑是"吉地"，符合古代营造宜选"藏风得水"，"藏龙聚气"的要求。从现代的居住环境要求来说，前有河流，便于舟楫交通，供洗涤饮用，更具有调节气候、净化环境的重要作用，而北面有横亘的伏龙山，正好挡住冬天南下的凛冽北风，是非常理想的居住地。

现存主体建筑共五进，通面宽59米，通进深94米，占地面积5546平方米，建筑面积5670平方米，分前后两部分，由一条长59米、宽3.6米的甬道相隔，形成相对独立的两个整体。建

筑布局以一条中轴线贯穿始终，左右对称，错落有致，层次分明，形分气连，过渡自然，是近代建筑中中西合璧的成功范例。它体现了近代中国上层阶级在建筑审美心态上的嬗变过程，也是当时生活时尚、思想观念发生转变的历史缩影。

　　前部分三进，始建于1916年，1919年竣工，为中国传统木结构建筑，由照壁、大门、厅堂、后楼及厢房等组成。照壁已毁，大门外立面为八字形三开间牌楼式，上有磨砖拼砌的字匾"天伦乐叙"四字，门开在明间，里面实为单坡顶，形似三开间倒座门厅，明间连通大门，东西次间为门房，檐下有卷棚。第二进厅

图⑥ 虞氏旧宅内西式小铁窗

图⑦ 虞氏旧宅内镂空通气小铁窗

图⑧ 虞氏旧宅西式变异柱

图⑨ 虞氏旧宅内西式装饰天花板

图⑩ 虞氏旧宅外廊如意云鹤梁头

图⑪ 虞氏旧宅外廊如意凤鸟花草单步梁

堂，由正厅和东西夹楼九间二廊组成。正厅正中悬挂"天叙堂"三字大匾。梁、枋、牛腿、雀替上有人物故事、松鼠、佛手、凤鸟等雕饰，做工讲究，雕刻细腻，古韵十足。

后二进建于1926~1929年，与前三进建造时间仅相隔十年，但风格迥异。院落高门敞堂，墙高达6米，正中为正门，门上有磨砖拼砌成字匾，上镌"福禄欢喜"四字，东西两侧对称设掖门，西掖门字匾上题"增荣益誉"四字，东掖门上的字匾及雕刻纹样被泥涂封，内容不明。正门与掖门之间还设有两道小门，上架有天桥，与前三进沟通。大门正面为传统的衣锦架式，背面则类似罗马巴洛克建筑风格，雕饰有毛莨叶、卷草、山花等，倚桩及线脚的凹凸效果十分强烈，与正面大门上部的传统风格迥然不同，一股洋风袭面而来。主楼为重檐硬山式两层楼房，九间二弄有前廊，具有明显的西方联排式住宅建筑特色。室内装有壁炉，天花一般为多层凹凸枭混线脚叠涩组成的穹顶，门窗的花格为龟板间以菱块，后楼也为重檐硬山九间二弄楼房。

在建筑工艺上，天叙堂无论石作、砖雕、木雕，还是混凝土结构，都用料讲究，精工细作。特别是混凝土结构和装饰，虽然历

经数十年风雨剥蚀,至今仍很少见到开裂、酥化、脱落现象,马赛克地坪和墙面瓷砖完好如初、色彩鲜艳,混凝土檐口线条棱角分明,廊柱、围墙上部等处的混凝土塑成的毛茛叶、卷草纹、垂幔纹、几何图形等装饰工整饱满,工艺精湛。

作为传统建筑构件的梁、枋、牛腿、雀替、门楣、连楹、柱子等部位装饰有凤凰牡丹、鹿衔灵芝、岁寒三友、四君子、博古、杏花、海棠、三国故事、《西游记》故事等,精雕细刻,形象生动,整个建筑群显得华丽高贵,具有很高的艺术价值。

(二)蒋氏故居

名人故居中最有名的是蒋氏故居,该故居位于奉化市溪口镇武岭路,系蒋介石父子故居,包括丰镐房、小洋房、玉泰盐铺等,建于 20 世纪三四十年代。该建筑群建筑风格中西合璧,结构独特,为民国重要史迹及富有江南府第特色的代表性建筑,也是溪口旅游区内一处重要的人文景观。

"巡驻家山戎服在,森严小筑镇林标。主人妙算安天下,才道高时地已摇。"这首《妙高台》诗说的就是 1930 年蒋介石建的中西合璧别墅,总建筑面积为 436 平方米。

据1949年重修的《武岭蒋氏宗谱》第六册记载,蒋介石8岁时"始上雪窦山,见妙岑岭爱之"。别墅建筑风格为中西合璧,大门内两旁平房各一间,平顶晒台。天井后三间二层楼房,楼上水泥走廊与晒台相连,中门置白底黑字匾,"妙高台"三字系蒋介石手书。其后平房三间。围墙连成一体,芳草绿树环绕四周,青山碧水拥来眼前,赏心悦目不足言其妙。据说1949年5月蒋氏逃离大陆以前曾来此登临,风光依旧,山河不再,蒋介石不由"神采黯然"。他此时想的已经不再是他的军国大事,熟悉的乡音和汩汩流淌的奉化江江水,勾起的只能是英雄末路的惨淡和背乡离井的忧伤。妙高台左有伏虎洞,右有消凡台,前有晏坐台等,均为宋高僧知和禅师遗迹。传说知和每日五更就在晏坐台做功课,伏虎洞有两虎终年听其诵经,野性渐收。1968年秋被毁,1987年国家拨款重建。

丰镐房(典出西周,周文王建都丰邑,周武王建都镐京)位于溪口镇武岭西路77号。清光绪年间有老式楼房三幢,前幢、二幢均为七间二弄,后幢三间,中堂是堂前。清光绪十四年(1888年),蒋介石2岁,由于玉泰盐铺着火,全家迁居报本堂西厢房。清光绪二十一年(1895年)蒋介石父亲蒋肃庵过世,次年兄弟分家,蒋介石与弟瑞青继承丰镐房。清光绪二十三年(1897

年)瑞青夭亡,蒋介石独承丰镐房。

北伐胜利后,蒋介石筹划扩建故宅,自 1932 年始,在旧房的基础上多次扩建,至 1935 年竣工。丰镐房占地面积 4800 平方米,建筑面积 1850 平方米,形成前厅后堂、两厢四廊,楼轩相接、廊庑回环的江南旧式世家府第格局,自南向北依次为大门、前庭、内门、前厅(素居)、内庭、后堂(报本堂)、东西厢房、东楼房、蒋母旧居及西平房,大小房间 49 间。

大门临街而筑,硬山顶仿古建筑,门额挂一匾,上书"蒋氏故居",由沙孟海于 1989 年所书。内门上悬"丰镐房"匾额,前厅门额上阴刻"素居"。报本堂原系蒋氏宗族的三房堂前,后由蒋介石重造,硬山顶,五马风火山墙,屋脊堆塑"福禄寿"、"双龙戏珠"、"凤凰展翅"。堂前走廊上挂有一块红底金字的横匾,上书"寓理帅气",系蒋介石于 1949 年 4 月 12 日为长子蒋经国四十生辰所题。两柱镌刻楹联,云:"报本尊亲是谓至德要道,光前裕后所望孝子顺孙",系沙孟海撰写,蒋介石亲书。廊檐柱雕刻"渭水垂钓"、"文王拖车"、"太子求贤"、"夜战马超"、"关羽战长沙"、"回荆州"等西周历史故事和三国演义故事。明间上悬"报本堂",系吴敬恒所书。厢房廊柱雕刻取材于《精忠岳传》的"汤阴大水"、"拜师周侗"、"岳母刺字"和三国故事。

蒋经国小洋房，位于文昌阁东侧，紧倚剡溪，有三间平顶西式楼房，原名"涵斋"，俗称"小洋房"。1930年由蒋介石出资建成，占地约300平方米。房顶阳台，四周水泥栏杆，可乘凉赏月。这幢依山傍水的小洋房，设计之考究，不亚于文昌阁。

1937年4月27日，蒋经国带着妻子蒋方良和儿子蒋孝文从苏联回到溪口，就在此居住读书，直到9月去江西熊式辉处就职。楼上东边一间就是蒋经国夫妇卧室，西边一间是他的书房。中间是会客室。为了让蒋经国夫妇补习中文，蒋介石还给他请了一位教师，名叫徐道临，是北洋大臣徐树铮的儿子，当时任江西南昌行营设计委员会秘书，颇受蒋介石的器重。徐道临和他的意大利籍妻子及一个保姆就住在小洋房楼下。蒋介石还命人从慈溪请来他的远房亲戚、一位女教师当蒋方良的老师，教蒋方良学习中文，"蒋方良"这中国名字也是蒋介石给起的。

1939年12月，蒋经国痛悼生母毛福梅遇难，手书"以血洗血"，刻石碑一方，现移存于楼下。小洋房住过不少民国要人，如陈布雷，曾在此撰写《西安半月记》。

（三）翁文灏故居

　　翁文灏是宁波为数不多的有两处故居的民国名人。翁文灏（1889~1971年）是中国现代地质学、地理学、地震学的创始人之一，编绘了我国第一张彩色地质图《中国地质约测图》，也是第一位引介魏格纳大陆漂移学说的中国学者，曾任国民政府行政院院长，新中国成立后当选为全国政协委员，毛泽东在《论十大关系》中提到翁文灏是"有爱国心的国民党军政人员"。

　　翁文灏故居一处在鄞州区高桥镇石塘村，另一处位于宁波市区的海曙区大书院巷11号，是浙江省文物保护单位。

　　石塘村故居始建于清代，是翁文灏的出生地。故居由翁文灏曾祖父翁景和所建。石塘翁氏由经营洋布发家，至翁景和一代，家族财产达到200余万银两，为翁家的鼎盛时期。故居占地面积400平方米，前后两进两层楼房，为一座明清建筑风格的住宅。翁文灏晚年对石塘村及故居有过深情的回忆：

　　　　鄞西秀丽石塘村，临水倚山生地存。
　　　　灌稻清波桥碶保，映窗霁色景光吞。

登科兄弟祖留额，隔户乡农旧有痕。

初学之乎亲训导，得承教养沐深恩。

翁文灏8岁时，石塘祖宅遭亡命之徒入室抢劫，引起全家恐慌，翁家先迁至江北岸引仙桥暂住，后又迁住天封寺前三角地，最后于1907年在月湖西侧的大书院巷自建新屋。这座三合院式小洋楼，为一座罗马风格的西洋式砖混结构楼房。主体建筑坐西朝东，正门朝北，门两旁刻有花草图案，石额枋上刻有卷草花纹，两柱为砖刻花瓶图案。故居保存较为完整，是宁波为数不多的民国优秀建筑之一。

其他的宁波近代名人故居还有许多，例如包玉刚故居、吴锦堂故居等。名人故居不只是建筑意义上的存在，它们还是城市的文脉，为研究一座城市的历史发展进程提供了重要资料，有的名人故居还具有较高的艺术观赏性，是一种重要的人文资源。

那些或精美或普通、或宽敞或狭小的空间里，留下的是影响世人的精神和时代审美。宁波丰富的名人故居遗存，是我们弘扬名人文化、提升城市精神的重要平台。

图⑳　海曙区翁文灏故居红砖拱券及锁心石

参 考 文 献

01	（宋）《宝庆四明志》。
02	（元）《延祐四明志》。
03	（明）《阿育王山志》。
04	（明）《嘉靖宁波府志》。
05	（清）《光绪鄞县志》。
06	（清）《乾隆保国寺志》。
07	（民国）张传保、陈训正、马瀛等修纂：《鄞县通志》。
08	陈志华著：《外国建筑史》，中国建筑工业出版社，1979 年。
09	刘敦桢著：《中国古代建筑史》，中国建筑工业出版社，1984 年。
10	郑绍昌著：《宁波港史》，人民交通出版社，1989 年。
11	乐承耀著：《宁波古代史纲》，宁波出版社，1995 年。
12	俞福海主编：《宁波市志》，中华书局，1995 年。
13	董贻安主编：《宁波文物集粹》，华夏出版社，1996 年。
14	宁波市地方志编纂委员会编：《宁波市志外编》，中华书局，1998 年。
15	乐承耀著：《宁波近代史纲（1840~1919）》，宁波出版社，1999 年。
16	洪铁城著：《东阳明清住宅》，同济大学出版社，2000 年。
17	（清）徐兆昺著：《四明谈助》，宁波出版社，2000 年。
18	张十庆著：《五山十刹图与江南禅寺建筑》，东南大学出版社，2000 年。

19	金普森、孙善根主编:《宁波帮大辞典》,宁波出版社,2001 年。
20	楼庆西著:《中国古建筑二十讲》,生活·读书·新知三联书店,2001 年。
21	潘谷西主编:《中国建筑史》,中国建筑工业出版社,2001 年。
22	陈志华著:《外国古建筑二十讲》,生活·读书·新知三联书店,2002 年。
23	林士民、沈建国著:《万里丝路——宁波与海上丝绸之路》,宁波出版社,2002 年。
24	林士民著:《三江变迁》,宁波出版社,2002 年。
25	宁波文物保护管理所编:《最后的遗存》,2003 年。
26	史小华主编:《千年海外寻珍》,宁波市文化局编印,2003 年。
27	杨馥源主编:《外滩文化与城市发展》,上海远东出版社,2004 年。
28	路秉林、张广杰:《中国伊斯兰教建筑》,生活·读书·新知三联书店,2005 年。
29	宁波市文物保护管理所编:《宁波与海上丝绸之路》,科学出版社,2006 年。
30	张复合主编:《中国近代建筑研究与保护》,清华大学出版社,2006 年。
31	钱茂伟编著:《宁波历史与传统文化》,宁波出版社,2007 年。
32	徐培良、应可军著:《宁海古戏台》,中华书局,2007 年。
33	郑孝燮著:《留住我国建筑文化的记忆》,中国建筑工业出版社,2007 年。
34	陈宏雄主编:《近代宁波外滩研究》,宁波出版社,2008 年。
35	刘月著:《中西建筑美学比较论纲》,复旦大学出版社,2008 年。
36	宁波市文物考古研究所编:《宁波文物考古研究文集》,科学出版社,2008 年。
37	章国庆编著:《天一阁明州碑林集录》,上海古籍出版社,2008 年。
38	周时奋著:《老宁波文化丛书·宁波老城》,宁波出版社,2008 年。

奇构巧筑——宁波建筑文化

39　周时奋、相栋著：《老宁波文化丛书·宁波老墙门》，宁波出版社，2008 年。

40　王慕民等：《宁波通史》民国卷，宁波出版社，2009 年。

41　章国庆、裘燕萍编著：《甬上现存历代碑碣志》，宁波出版社，2009 年。

42　苏利冕主编：《近代宁波城市变迁与发展》，宁波出版社，2010 年。

43　王谢燕编著：《宗教建筑》，中国建筑工业出版社，2011 年。

44　《宁波文史资料》，第 1~18 辑。

图书在版编目（CIP）数据

奇构巧筑：宁波建筑文化 / 黄定福著 . — 宁波：
宁波出版社，2014.11（2023.7 重印）
（宁波文化丛书 . 第 1 辑）
ISBN 978-7-5526-1753-5

Ⅰ . ①奇⋯　Ⅱ . ①黄⋯　Ⅲ . ①建筑—文化—宁波市
Ⅳ . ① TU-092

中国版本图书馆 CIP 数据核字（2014）第 189883 号

丛 书 名　宁波文化丛书·第一辑
丛书主编　何　伟

本册书名　奇构巧筑：宁波建筑文化
著　　者　黄定福

责任编辑　徐　飞
装帧设计　金字斋

出版发行　宁波出版社
　地　　址：宁波市甬江大道 1 号宁波书城 8 号楼 6 楼
　邮　　编：315040
　网　　址：http://www.nbcbs.com
　电　　话：0574-87341015（编辑部）
印　　刷　宁波白云印刷有限公司
开　　本　710 毫米 × 1000 毫米　1 / 16
印　　张　18.25
字　　数　217 千
版　　次　2014 年 11 月第 1 版
印　　次　2023 年 7 月第 2 次印刷
标准书号　ISBN 978-7-5526-1753-5
定　　价　42.00 元